● 厦门理工学院立项教材资助（项目编号JC202431）

水力学实验

从实验室到工程现场

主　编◎赵　超　廖　杰

副主编◎张晓曦　李　想

厦门大学出版社
XIAMEN UNIVERSITY PRESS
国家一级出版社
全国百佳图书出版单位

图书在版编目（CIP）数据

水力学实验:从实验室到工程现场/赵超,廖杰主编.
厦门:厦门大学出版社,2025.3.--ISBN 978-7-5615-9628-9

Ⅰ.TV131

中国国家版本馆 CIP 数据核字第 20253LX136 号

责任编辑　眭　蔚

美术编辑　李嘉彬

技术编辑　许克华

出版发行　厦门大学出版社

社　　址　厦门市软件园二期望海路 39 号

邮政编码　361008

总　　机　0592-2181111　0592-2181406(传真)

营销中心　0592-2184458　0592-2181365

网　　址　http://www.xmupress.com

邮　　箱　xmup@xmupress.com

印　　刷　厦门市金凯龙包装科技有限公司

开本　　787 mm×1 092 mm　1/16

印张　　8.75

字数　　212 千字

版次　　2025 年 3 月第 1 版

印次　　2025 年 3 月第 1 次印刷

定价　　29.00 元

本书如有印装质量问题请直接寄承印厂调换

厦门大学出版社
微信二维码

厦门大学出版社
微博二维码

前　言

　　水力学是高等院校水利、土木、环境、海洋等理工科专业的重要基础课程,水力学实验是其教学中必不可少的重要环节。水力学实验教学的目的在于:通过实验观测流动现象及量测水力要素,增加感性认识,验证水力学原理,提高理论分析能力;培养学生的基本实验技能,学会正确使用基本仪器;了解水利工程中的现代量测技术;培养学生的动手、协作能力和创新意识;树立严谨细致、实事求是的工作作风和科学态度。

　　本书共分为两部分,第一部分是实验室中的水力学实验,共有16个实验项目,每个实验项目包括实验目的、实验原理、实验仪器、实验步骤等,针对实验过程中容易出现的不当操作给出明确的注意事项,提出思考题供学生分析和讨论,以提升学生分析问题、解决问题的能力。同时,为了增强学生的工程意识,培养学生利用水力学实验技能解决工程问题的能力,本书特别撰写了第二部分——水利工程中常见的流量测量。该部分详细介绍工程实践中流量的测量方法、操作规范、现场量测手段和数据分析处理方法等。

　　本书由厦门理工学院赵超、廖杰、张晓曦和复旦大学李想共同编写。由于编者水平有限,书中可能存在疏漏和不妥之处,敬请读者批评指正。

编　者

2024 年 12 月

目　录
CONTENTS

第一部分
实验室中的水力学实验

水力学实验主要通过在水流运动现场或者实验室的模型等实验设备中对具体流动的观测和分析,来认识水流运动的规律。实验在水力学中占有十分重要的地位,它不仅是理论分析和数值计算成果正确与否的最终检验标准,也是解决问题的主要研究手段。水力学实验研究无论对学科理论的发展还是对解决工程实际问题,都具有极其重要的意义。本部分根据实验内容分为 4 类:流体演示实验、流体静力学实验、流体动力学实验以及水泵与水泵站实验。

1.1 流动现象演示实验

1.1.1 实验目的

(1) 了解微气泡示踪法流动可视化方法。
(2) 观察管流、射流、明渠流中的多种流动现象。
(3) 加深理解局部阻力、绕流阻力、柱体绕流振动的发生机理。
(4) 结合工程实例,了解流体力学基本原理在工程实际中的应用。

1.1.2 实验仪器

1. 实验仪器
本实验仪器及各部分名称如图 1.1-1 所示,显示面板如图 1.1-2 所示。本实验仪器一套共 7 台,分别演示不同的流动现象。

2. 工作原理
该装置以气泡为示踪介质,以透明平板间狭缝流道为流动显示面。在狭缝流道中设有特定边界流场,用以显示内流、外流、射流等多种流动图谱。如图 1.1-1 所示,水流自蓄水箱经掺气后由水泵驱动流到显示板,再通过两边的回水流道流回到蓄水箱。水流流经显示板时,因掺气夹带的无数小气泡,在仪器内的荧光灯照射和显示面底板的衬托下,发出明亮的折射光,清楚地显示出小气泡随水流流动的图像。气泡的粒径大小、掺气量的多少可由掺气量调节阀任意调节,可调节小气泡使其相对水流流动具有足够的跟随性。显示板设计成多种不同形状边界,配以不同的流动显示面,流动图像可以形象地显示出不同边界,包括分离、尾流、旋涡等多种流动形态及其水流内部质点的运动特性。

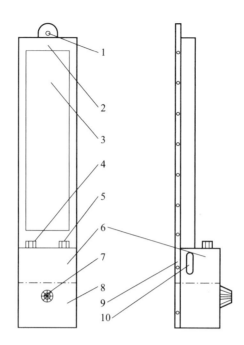

1. 挂孔；2. 彩色有机玻璃面罩；3. 不同边界的流动显示面；4. 加水孔孔盖；

5. 掺气量调节阀；6. 蓄水箱；7. 可控硅无级调速旋钮；8. 电气、水泵室；

9. 铝合金框架后盖；10. 水位观测窗。

图 1.1-1 流动现象综合演示仪结构示意

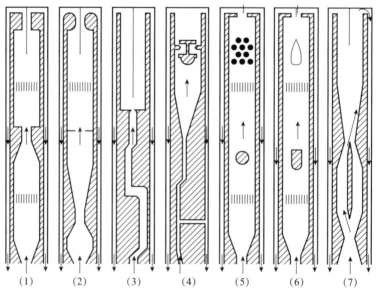

图 1.1-2 流动现象综合演示仪显示面板

3. 使用方法

打开电源，将流速调到最大，逆时针关闭掺气量调节阀 5，过 1～2 min，待流道内充满水体后再开启阀 5 进行掺气实验。

1.1.3　实验现象及原理

各实验仪演示内容及实验指导如下(结合实验观察)。

1. ZL-1 型流动演示仪[图 1.1-2 中(1)]

显示逐渐扩散、逐渐收缩、突然扩大、突然收缩、壁面冲击、直角弯道等平面上的流动图像,模拟串联管道纵剖面流谱。

在逐渐扩散段可以看到由边界层分离而形成的旋涡,在靠近上游喉颈处,流速越大,涡旋尺度越小,湍动强度越高;而在逐渐收缩段,流动无分离,流线均匀收缩,无旋涡,由此可知,逐渐扩散段局部水头损失大于逐渐收缩段。

在突然扩大段出现较大的旋涡区;在突然收缩段上,只在死角处和收缩断面的进口附近出现较小的旋涡区,表明突扩段比突缩段有更大的局部水头损失(缩扩的直径比大于 0.7 时例外),而且突缩段的旋涡主要发生在突缩断面之后,所以水头损失也主要发生在突缩断面之后。

由于本仪器突缩段较短,也可理解为直角进口管嘴的流动。在管嘴进口附近,流线明显收缩,并有旋涡产生,致使有效过流断面减小,流速增大,从而在收缩断面出现真空。

在直角弯道和水流冲击壁面段,也有多处旋涡区出现。尤其在弯道流动中,流线弯曲更厉害,越靠近弯道内侧流速越小。在近内壁处,出现明显的回流,所形成的回流范围较大。将直角弯道与 ZL-2 型[图 1.1-2 中(2)]中圆角弯道流动对比,可以看出圆角弯道旋涡范围较小,流动较顺畅,表明圆角弯道比直角弯道水头损失小。

旋涡的大小和湍动强度与流速有关,这可以通过调节流量来观察对比。当流量减小,渐扩段流速较小,其湍动强度也较小,这时可看到在整个扩散段有明显的单个大尺度涡旋。反之,当流量增大时,单个尺度涡旋随之破碎,形成无数个小尺度的涡旋,流速越高,湍动强度越大,旋涡尺度越小。据此清楚表明,涡旋尺度随湍动强度增大而变小,水质点间的内摩擦加强,水头损失增大。

2. ZL-2 型流动演示仪[图 1.1-2 中(2)]

显示文丘里流量计、孔板流量计、圆弧进口管嘴流量计及壁面冲击、圆弧形弯道等串联流道纵剖面上的流动图像。

由显示可见,文丘里流量计过流顺畅,流线顺直,无边界层分离和旋涡产生。在孔板前,流线逐渐收缩,汇集于孔板的过流孔口处,孔板后的水流并不是马上扩散,而是继续收缩至最小断面,称为收缩断面。在收缩断面以前,只在拐角处有小旋涡出现。在收缩断面后,水流才开始扩散。扩散后的水流犹如突然扩大管的流动那样,在主流区周围形成强烈的旋涡回流区。由此可知,孔板流量计的过流阻力远比文丘里流量计的大。圆弧进口管嘴流量计入流顺畅,管嘴过流段上无边界层分离和旋涡产生。

通过以上流动图像可以了解三种流量计的结构、优缺点及用途。文丘里流量计由于水头损失小而广泛地应用于工业管道上测量流量。孔板流量计结构简单,测量精度高,但水头损失很大。圆弧形管嘴出流的流量系数(0.9~0.98)大于直角进口管嘴出流的流量系数(约为 0.82),说明圆弧形管嘴进口流线顺畅,水头损失小。

利用流量计的过流特点可拓展流量计的用途。例如,孔板作为流量计损失大是其缺点,但利用孔板消能又是优点。如黄河小浪底电站,在有压隧洞中设置了五道孔板式消能洞。其消能机理就是利用孔板水头损失大的原理,使泄洪的余能在隧洞中消耗,从而解决泄洪洞出口缺乏消能条件的工程问题。又如,应用圆弧形管嘴进口损失小的原理,在工程上设计逐渐收缩的喇叭形取水口,优化取水口体形。

3. ZL-3 型流动演示仪[图 1.1-2 中(3)]

显示 30°弯头、直角圆弧弯头、直角弯头、45°弯头及非自由射流等流段纵剖面上的流动图像。

由显示可见,在每一转弯的后面,都因为边界条件的改变而产生边界层分离,从而产生旋涡。转弯角度不同,旋涡大小、形状各异,水头损失也不一样。在圆弧转弯段,由于受离心力的影响,主流偏向凹面,凸面流线脱离边壁形成回流。该流动还显示局部水头损失叠加影响的图谱。

在非自由射流段,射流离开喷口后,不断卷吸周围的液体,形成两个较大的旋涡,产生强烈的湍动,使射流向外扩散。由于两侧边壁的影响,可以看到射流的"附壁效应"现象,此"附壁效应"对壁面的稳定性有着重要的作用。若把喷口后的中间导流杆当作天然河道里的一侧河岸,则由水流的附壁效应可以看出,主流沿河岸高速流动,该河岸受水流严重冲刷;而在主流的外侧,水流产生高速回旋,使另一侧河岸也受到局部淘刷;在喷口附近的回流死角处,因为流速小,湍流强度小,则可能出现泥沙淤积。

4. ZL-4 型流动演示仪[图 1.1-2 中(4)]

显示弯道、分流、合流、YF-溢流阀、闸阀及蝶阀等流段纵剖面上的流动图谱。其中 YF-溢流阀固定,为全开状态,蝶阀活动可调。

由显示可见,在转弯、分流、合流等过流段上,有不同形态的旋涡出现。合流旋涡较为典型,明显干扰主流,使主流受阻,这在工程上称为"水塞"现象。为避免"水塞",给水排水技术要求合流时用 45°三通连接。闸阀半开,尾部旋涡区较大,水头损失也大。蝶阀全开时,过流顺畅,阻力小;半开时,尾涡湍动激烈,表明阻力大且易引起振动。蝶阀通常做检修用,故只允许全开或全关。

YF-溢流阀是压力控制元件,广泛用于液压传动系统。其主要作用是防止液压系统过载,保护泵和油路系统的安全,以及保持油路系统的压力恒定。YF-溢流阀的流动介质通常是油,而本装置流动介质是水。该装置能十分清晰地显示阀门前后的流动形态:高速流体经阀口喷出后,在阀芯的大反弧段发生边界层分离,出现一圈旋涡带;在射流和阀道的出口处,也产生一较大的旋涡环带;在阀后,尾迹区大而复杂,并有随机的卡门涡街产生。经阀芯芯部流过的小股流体也在尾迹区产生不规则的左右扰动,调节过流量,旋涡的形态仍然不变。该阀门在工作中,由于旋涡带的存在,必然会产生较激烈的振动,尤其是阀芯反弧段上的旋涡带,影响更大。高速湍动流体的随机脉动引起旋涡区真空度脉动,这一脉动压力直接作用在阀芯上,引起阀芯振动,而阀芯的振动又作用于流体的脉动和旋涡区的压力脉动,因而引起阀芯的更激烈振动。显然这是一个很重要的振源,而且这一旋涡环带还可能引起阀芯的空蚀破坏。

5. ZL-5 型流动演示仪[图 1.1-2 中(5)]

显示明渠逐渐扩散,单圆柱绕流、多圆柱绕流及直角弯道等流段的流动图像。圆柱绕流是该型演示仪的特征流谱。

显示可见单圆柱绕流时流体在驻点的停滞现象、边界层分离状况、分离点位置、卡门涡街的产生与发展过程以及多圆柱绕流时的流体混合、扩散、组合旋涡等流谱,现分述如下。

（1）驻点

观察流经圆柱前驻点的小气泡,可以看出流动在驻点上明显停滞,流速为零,表明在驻点处动能全部转化为压能。

（2）边界层分离

水流在驻点受阻后,被迫向两边流动,此时水流的流速逐渐增大,压强逐渐减小,当水流流经圆柱体的轴线位置时,流速达到最大,压强达到最小;当水流继续向下游流动时,在靠近圆柱尾部的边界上,主流开始与圆柱体分离,称为边界层的分离。边界层分离后,在分离区的下游形成回流区,称为尾涡区。尾涡区的长度和湍动强度与来流的雷诺数有关,雷诺数越大,湍动越强烈。

边界层分离常伴随着旋涡的产生,引起较大的能量损失,增加液流的阻力。边界层分离后会产生局部低压,以至于有可能出现空化和空蚀破坏现象。因此,边界层分离是一个很重要的现象。

（3）卡门涡街

边界层分离以后,如果雷诺数增加到某一数值,就不断交替地在圆柱尾部两侧产生旋涡并流向下游,形成尾流中的两条涡列,一列中某一旋涡的中心恰好对着另外一列中两个旋涡之间的中点,尾流中这样的两列旋涡称为“涡街”,也叫冯·卡门(von Karman)涡街。旋涡的能量由于流体的黏性会逐渐消耗掉,因此,在流过一定距离以后,旋涡逐渐衰减而最终消失。

对卡门涡街的研究在工程实际中具有很重要的意义。卡门涡街可以使柱体产生一定频率的横向振动。若该频率接近柱体的固有频率,就可能产生共振。例如,在大风中电线发出的响声就是由于振动频率接近电线的固有频率,产生共振现象而发出的;潜艇在行进中,潜望镜会发生振动;高层建筑(高烟囱等)、悬索桥等在大风中会发生振动,其根源均出于卡门涡街。为此,在设计中应予重视。

卡门涡街的频率与管流的过流量有关。可以利用卡门涡街频率与流量之间的关系制成涡街流量计。其方法是在管路中安装一旋涡发生器和检测元件,通过检测旋涡的频率信号,根据频率和流量的关系就可测出管道的流量。

（4）多圆柱绕流

被广泛用于热工传热系统的冷凝器及其他工业管道的热交换器等。流体流经圆柱时,边界层内的流体和柱体发生热交换,柱体后的旋涡则起混掺作用,然后流经下一柱体,再交换再混掺,换热效果较佳。另外,对于高层建筑群,也有类似的流动图像,即当高层建筑群承受大风袭击时,建筑物周围也会出现复杂的风向和组合气旋,这应引起建筑师的关注。

6.ZL-6型流动演示仪[图1.1-2中(6)]

由下至上依次演示明渠渐扩、桥墩形钝体绕流、流线体绕流、直角弯道和正、反流线体绕流等流段上的流动图谱。

桥墩形柱体为圆头方尾的钝形体,水流脱离桥墩后,在桥墩的后部形成卡门涡街。该图谱说明非圆柱绕流也会产生卡门涡街。例如,我国自行设计与建造的南京长江大桥在桥墩的施工过程中,方形沉井曾在卡门涡街的影响下产生较大的振动,一度出现重达几千吨的沉井来回飘移摆动的现象,以及粗达 40 mm 的锚索多次发生绷断多根的险情。对比观察圆柱形绕流与钝体绕流可见:前者涡街频率 f 在雷诺数 Re 不变时也不变;而后者涡街的频率具有较明显的随机性,即使 Re 不变,频率 f 也随机变化,因此说明了圆柱形绕流频率可由公式计算,而非圆柱形绕流频率一般不能计算的原因。

绕流体后的卡门涡街会引起振动,绕流体振动的问题是工程上极为关心的问题。解决绕流体振动、避免共振的主要措施:改变流速或流向,以改变卡门涡街的频率或频率特性;改变绕流体结构形式,以改变绕流体的自振频率,避免共振。

流线体绕流是绕流体的最好形式,流动顺畅,形体阻力最小,无旋涡。又从正、反流线体的对比流动显示可见,当流线体倒置时,出现卡门涡街。因此,为使过流平稳,应采用顺流而放的圆头尖尾形(水滴形)流线体。

7. ZL-7 型流动演示仪[图 1.1-2 中(7)]

这是一具"双稳放大射流阀"流动原理显示仪。经喷嘴喷射出的射流可附于任一侧面,即产生射流附壁现象。产生射流附壁现象主要原因是受射流两侧的压强差作用,附壁一侧流速大、压强低,另一侧压强大。若先附于左壁,则射流右侧压强大于左侧,如图 1.1-2(7)所示,射流沿左通道流动,并向右出口输出;当旋转仪器表面控制圆盘,使左气道与圆盘气孔相通时(通大气),因大气压作用,射流左侧压强大于右侧,因而被切换至右壁,流体从左出口输出。这时若再转动控制圆盘,使左、右气道均关闭,切断气流,射流仍能稳定于右通道不变。如果把射流当作一个大信号,气流当作一个小信号,即表明只要射流的附壁一侧获得一个气流小信号(控制信号),便能向另一通道输出一个大信号(射流),且以输出信号的通道位置把脉冲小信号记忆下来。

这种射流装置称为双稳放大射流阀。射流控制系统就是由类似这样一系列不同功能的射流部件组成的。单稳、双稳、"或门"、"非门"等每个单一功能的射流部件也称为射流元件。因此,双稳放大射流阀也称为双稳射流控制元件。

8. 实验注意事项

(1)水泵不能在低速下长时间工作,更不允许在通电情况下(荧光灯亮)长时间处于停转状态,只有荧光灯熄灭才是真正关机,否则水泵易损坏。

(2)调速器旋钮的固定螺母松动时,应及时拧紧,以防止内接电线短路。

1.1.4 思考题

(1)在弯道等急变流段测压管水头不按静水压强规律分布的原因是什么?

(2)计算短管局部水头损失时,各单个局部水头损失之和为什么并不一定等于管道的总局部水头损失?

(3)试分析天然河流的弯道一旦形成,在水流的作用下河道会越来越弯还是会逐渐变直。

(4)为什么风吹电线,电线会发出共鸣?

(5)解决绕流体的振动问题的方法有哪些?

1.2　静水压强实验

1.2.1　实验目的

(1) 掌握用测压管测量流体静压强的方法。

(2) 验证不可压缩流体静力学基本方程 $z+\dfrac{p}{\rho g}=C$。

(3) 通过对诸多流体静力学现象的实验观察分析,建立液体表面压强 $p_0>p_a$,$p_0<p_a$ 的概念,加深对流体静力学基本概念的理解,并观察真空现象。

1.2.2　实验仪器

实验装置如图 1.2-1 所示。

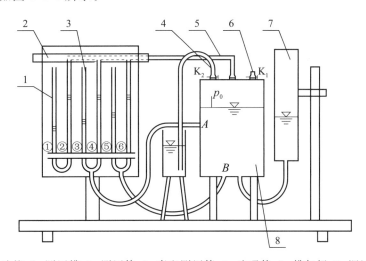

1. U 形管及油柱;2. 测压排;3. 测压管;4. 真空测压管;5. 连通管;6. 排气阀;7. 调压筒;8. 水箱。

图 1.2-1　流体静压强实验装置

1.2.3　实验原理

在重力作用下,静力学基本方程为

$$z+\frac{p}{\rho g}=C \tag{1.2-1}$$

$$p=p_0+\rho gh \tag{1.2-2}$$

式中:z——被测点相对基准面的位置高度;

　　p——被测点的静水压强(用相对压强表示,以下同);

　　p_0——水箱中液面的表面压强;

　　ρ——液体密度;

　　h——被测点的淹没深度。

由式(1.2-1)可知,在重力作用下,液体中任一点静水压强 p 由表面压强 p_0 和 $\rho g h$ 两部分组成,当 p_0 和 ρ 一定时,压强 p 随着水深 h 的增加而增大,呈线性变化。

对于液体中任意点,测压管自由液面到基准面的高度由 $z+\dfrac{p}{\rho g}$ 组成,z 为该点到基准面的高度,$\dfrac{p}{\rho g}$ 为测压管自由液面到该点的高度,也是该点压强所形成的液柱高度。在水力学中通常用"水头"表示高度,故称 z 为位置水头,$\dfrac{p}{\rho g}$ 为压强水头,两者之和 $z+\dfrac{p}{\rho g}$ 即测压管自由液面至基准面的高度,成为测压管水头。由式(1.2-2)可知,对于静止液体中任意两点,它们的位置水头和压强水头之和为常数。

能量意义:z 的能量意义是单位重量液体所具有的位置势能,称为单位位能;$\dfrac{p}{\rho g}$ 的能量意义是单位重量液体所具有的压强势能,简称单位压能。$z+\dfrac{p}{\rho g}$ 代表了单位位能和单位压能之和,称单位总势能。在静止液体内部,各点的单位总势能均相等。

1.2.4　实验步骤

(1) 熟悉实验仪器与原理,记录有关常数。

(2) 将调压筒放置适当高度,打开排气阀,使水箱中的液面与大气相通,此时液体压强 $p_0=p_a=0$。待测压管水位稳定后,观察各测压管、U 形管的液面是否平齐,若各测压管液面高程不恒定,则表明漏气,需查明原因,可能是连通软管受阻、接头处漏气或者软管内有阻塞性气泡等。将洗耳球放在各个测压管口部抽吸,以排净测压管及其连通软管中的气体,验证静止流体中水平面是等压面,排除故障后再开始实验。

(3) 关闭排气阀,将调压筒升至某一高度,使水箱内液面压强 $p_0>p_a$,观察各测压管液面高度变化,并量测液面标高,记录各测压管的液面高度,完成第一组实验。

(4) 将调压筒继续提高 4 次,记录各测压管的液面高度,再做 4 组实验。

(5) 打开排气阀与大气相通,待液面稳定后,再关闭排气阀(此时不要移动调压筒)。

(6) 将调压筒降低至一定高度,此时水箱内液面压强 $p_0<p_a$,观察各测压管的液面变化,并量测液面标高,记录液面高度。

(7) 将调压筒继续降低 4 次,再做 4 组实验。结束后,打开真空测压管上的阀门,可见液体被吸上了一个高度,其真空度为吸上的液柱高度。

(8) 实验完成后,将调压筒调至适当位置,打开排气阀,将配套的实验工具归放原位,擦干实验台和附近地面上的水迹,结束实验。

实验注意事项:

(1) 在升降调压筒的高度时,动作应缓慢,轻拿轻放。

(2) 读取测压管读数时,一定要等液面稳定后再读,并注意保持三点(视线、弯液面的最低点和标尺)在同一水平面上。

(3) 读数时,注意测压管标号与记录表格中要对应,并进行正确的估读,需读到最小分刻度的后一位,如 0.01 cm。

（4）实验装置的密闭性能要良好,实验时仪器底座要水平。

1.2.5　数据记录与处理

实验数据记录与处理见表 1.2-1。

表 1.2-1　静水压强实验记录

序号	实验条件	各测压管液面标高读数 h/cm					
		1	2	3	4	5	6
1	$p_0 = p_a$						
2							
3							
4	$p_0 > p_a$						
5							
6							
7							
8							
9	$p_0 < p_a$						
10							
11							

1.2.6　思考题

（1）同一静止液体内的测压管水头线是什么线?

（2）绝对压强与相对压强、真空值的关系是什么?

（3）如果测压管太细,对测压管液面的读数有何影响?

1.3　平面静水总压力实验

1.3.1　实验目的

(1) 掌握图解法测定矩形平面上的静水总压力。

(2) 加深对平板所受静水总压力计算公式的理解,验证静水总压理论的正确性。

1.3.2　实验原理

作用在平面上的静水总压力 p 有两种计算方法:一种是适用于任意形状平面的解析法,静水总压力等于受压平面形心点的压强 p_c 与平面面积 A 的乘积,即 $p=p_c A$;另一种是适用于有一条边平行于水面的矩形平面的图解法。在实际工程中常见的受压面大多是矩形平面,对其采用压力图法求解静水总压力及其作用点的位置比较方便。静水总压力等于压强分布图的面积 A_p 乘以受压平面的宽度 b 所构成的压强分布体的体积,即 $p=A_p b$,这一结论适用于矩形平面与水面倾斜成任意角度的情况。

如图 1.3-1 所示,当水深 $h<10$ cm 时,压强分布为三角形分布,$p=\dfrac{1}{2}\rho g H^2 b$,静水总压力作用点距离底边的距离 $e=\dfrac{1}{3}H$;当水深 $h>10$ cm 时,压强分布为梯形分布,$p=\dfrac{1}{2}\rho g(H_1+H_2)ab$,静水总压力距离底边的距离 $e=\dfrac{a}{3}\dfrac{2H_1+H_2}{H_1+H_2}$。

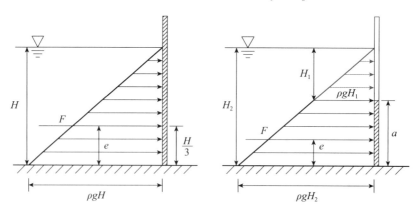

图 1.3-1　压强分布

容器中放水后,扇形体浸没在水中,由于支点位于扇形体圆弧面的中心线上,除了侧面的矩形平面上受到静水压力,其他各面上的静水压力为零。利用天平的力矩平衡原理,可以算出实测的静水总压力 $F_{实测}$。

由图 1.3-2 可知,力矩平衡原理 $GL_0=F_{实测}L_1$,式中,G 为砝码重量,L_0 为砝码力臂,L_1 为静水总压力 $F_{实测}$ 的力臂,$L_1=L-e$。

$$F_{实测}=\frac{GL_0}{L_1}$$

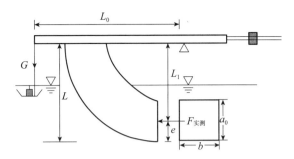

图 1.3-2　力矩平衡示意

1.3.3　实验仪器

实验设备及各部分名称见图 1.3-3。一个扇形体连接在杠杆上,再以支点连接的方式放置在容器顶部,杠杆上还有平衡锤和托盘,用于调节杠杆的平衡和测量。

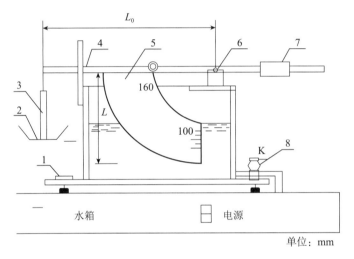

单位: mm

1. 水准泡;2. 托盘;3. 砝码;4. 杠杆水平刻度;5. 扇形体;6. 支点;7. 平衡锤;8. 阀门。

图 1.3-3　平面静水总压力实验装置

1.3.4　实验步骤

（1）熟悉实验仪器与原理,记录砝码到支点的距离 L_0、扇形体宽度 b、扇形体底部到支点的垂直距离 L。

（2）调整水箱底座螺丝,使水准泡居中,将实验仪器调平。

（3）调节平衡锤,使平衡杆处于水平状态,保证平衡杠杆下缘与红色箭头的底部平齐。

（4）打开进水阀门 K,放水进入水箱,待水流上升到一定的高度,关闭 K。

（5）加砝码到托盘上,使平衡杆达到水平状态。若还略有不平,则再加水或放水直至平衡为止。

（6）记录砝码质量 M,同时记录扇形体上水位读数 H。

（7）根据公式,计算受力面积 A。

（8）利用图解法计算静水总压力作用点位置、作用点至支点 O 的垂直距离 L_1。

（9）根据力矩平衡的公式,求出铅垂平面上所受的静水总压力 $F_{实测}$,用静水压力理论公式求出相应铅垂平面上的静水总压力 $F_{理论}$。

（10）重复上述步骤,水位读数在 10 cm 以上做 5 次,以下做 5 次,共做 10 次。

（11）实验完成后,将砝码等辅助实验工具归放原位,打开放水阀门,将水箱中的水排净,擦干实验台和附近地面上的水迹,实验结束。

实验注意事项:

（1）加水或放水时,要注意观察杠杆所处的状态。

（2）砝码每套专用,测读砝码要看清其所注克数。

1.3.5　数据记录与处理

记录常数: $L_0 =$ _____ , $b =$ _____ , $L =$ _____ , $a_0 =$ _____ 。

实验数据记录与处理见表 1.3-1 和表 1.3-2。

表 1.3-1　实验数据记录

序号	压强分布形式	水位读数 H/cm	水位读数 h/cm, $h=\begin{cases}0, & H<a_0 \\ H-a_0, & H\geqslant a_0\end{cases}$	砝码质量 M/g
1	三角形分布			
2				
3				
4				
5				
6	梯形分布			
7				
8				
9				
10				

表 1.3-2　实验数据处理

压强分布形式	测次	作用点距底部距离 e/cm	作用力距支点垂直距离 L_1/cm	实测力矩 M_0/（N·cm）	实测静水总压力 $F_{实测}$/N	理论静水总压力 $F_{理论}$/N	相对误差/%
三角形分布	1						
	2						
	3						
	4						
	5						

压强分布形式	测次	作用点距底部距离 e/cm	作用力距支点垂直距离 L_1/cm	实测力矩 M_0/(N·cm)	实测静水总压力 $F_{实测}$/N	理论静水总压力 $F_{理论}$/N	相对误差/%
梯形分布	6						
	7						
	8						
	9						
	10						

1.3.6　思考题

（1）仔细观察刀口位置。它与扇形体有何关系？为何要放在该位置？

（2）如将扇形体换成正方体能否进行实验？为什么？

（3）说明实验产生误差的原因，以及如何减小误差。

1.4 能量方程实验

1.4.1 实验目的

（1）观察恒定流动情况下，有压管流的能量转换特性，加深对能量方程物理和几何意义的理解。

（2）掌握均匀流、渐变流、急变流断面各点的压强分布规律，并观察管道最高点处出现的真空现象。

（3）测定并绘制管道的测压管水头线及总水头线，验证能量方程。

（4）练习用体积法量测流量、毕托管量测点流速的实验技能。

1.4.2 实验原理

水流运动遵循能量守恒及其转化规律。运动着的水流具有三种形式的能量，即位能、压能和动能。水流在运动过程中，这三种形式的机械能可以互相转化，但是总的机械能是守恒的。

实际液体在有压管道中做恒定流动时，对于满足均匀流或渐变流条件的任意两个过流断面，可以列能量方程（伯努利方程）：

$$z_1 + \frac{p_1}{\rho g} + \frac{\alpha_1 v_1^2}{2g} = z_2 + \frac{p_2}{\rho g} + \frac{\alpha_2 v_2^2}{2g} + h_w$$

式中，z 为位置水头，$\dfrac{p}{\rho g}$ 为压强水头，$\dfrac{v^2}{2g}$ 为流速水头，h_w 为两个断面之间的水头损失。

能量方程表达了液流中机械能和其他形式的能量（主要是代表能量损失的热能）保持恒定的关系，总机械能在相互转化过程中，有一部分克服液流阻力转化为水头损失。机械能中动能和势能可以相互转化，相互消长，表现为动能增、势能减。如机械能中的动能不变，则位能和压能可以相互转化，表现为位能减、压能增，或位能增、压能减。因此，能量方程的物理意义就是总流各过水断面上单位重量液体所具有的势能平均值与动能平均值之和，即总机械能的平均值沿流程减小，部分机械能转化为热能而损失；同时，亦表示了各项能量之间可以相互转化的关系。其几何意义是总流各过水断面上平均总水头沿程下降，所下降的高度即为平均水头损失，同时，亦表示了各项水头之间可以相互转化的关系，平均总水头线沿流程下降，平均测压管水头线沿流程可以上升，也可以下降。

当液体为静止状态时，其能量方程即为流体静力学基本方程，此时，测压管水头线是一条水平线：

$$z_1 + \frac{p_1}{\rho g} = z_2 + \frac{p_2}{\rho g} = C（常数）$$

均匀流或渐变流断面流体动压强符合静压强的分布规律，即在同一过流断面上 $z + \dfrac{p}{\rho g} = C$，但在不同过流断面上的测压管水头不同，即 $z_1 + \dfrac{p_1}{\rho g} \neq z_2 + \dfrac{p_2}{\rho g}$，在急变流断面上 $z + \dfrac{p}{\rho g} \neq C$。

1.4.3　实验仪器

实验装置见图 1.4-1。

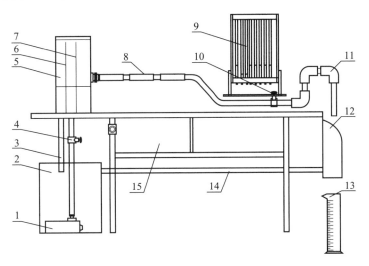

1. 潜水泵;2. 蓄水箱;3. 溢流管;4. 给水调节阀;5. 上水箱;6. 溢流板;7. 水堰板;8. 实验管道;
9. 测压管;10. 调节阀;11. 活动计量管;12. 回水箱;13. 计量杯;14. 回水管;15. 实验桌。

图 1.4-1　能量方程实验装置

本实验装置由自循环供水水箱及恒压水箱、水泵、实验管道、测压管和实验台等组成,流体在管道内流动时通过分布在实验管道各处的 4 组毕托管和测压管(如图 1.4-2 所示)。其中,测点 1、3、5 和 7 为毕托管,毕托管为一个带有 90°直角拐弯的金属管,正对来流方向,用于量测总水头;2、4、6 和 8 为测压管,用于量测测压管水头。

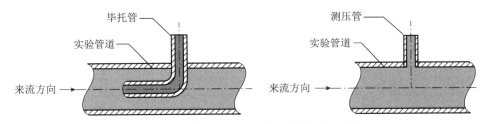

图 1.4-2　安装在管道中的毕托管和测压管

主要的测量仪器有量杯和秒表。本实验及后述各实验的测流量方法常用称重法或量体积法。称重法或量体积法是在某一固定的时段内,计量流过水流的重量或体积,进而得出单位时间内流过的流体量,是依据流量定义的测量方法。用秒表计时,用量筒测量流体体积或者用天平称量流过水的质量。为保证测量的精度,一般要求流量的读数计时大于 15 s。

1.4.4　实验步骤

(1) 观察实验管道,确认哪些是测压管,哪些是毕托管,并记录管道内径大小等常数至表中。

(2) 开启水泵,使水箱充水并保持溢流,使水位恒定;来回开、关尾阀 K 数次,排尽管道和软管中的气体,关闭尾阀 K,检查静止状态下测压管与毕托管的液面是否持平,若不平,则需用洗耳球将管中气泡排出或检查连通管是否有异物堵塞。确保所有测压管水面平齐后才能进行实验,否则实验数据不准确。

(3)缓慢开启尾阀 K,注意观察各测压管和毕托管液位的变化情况,不要让测压管液面下降太多,以免形成局部真空而影响管路。待测压管液面保持不变时,观察并记录测压管与毕托管的液面高度,数值估读到 0.01 cm。

(4)采用体积法量测流量 Q,注意时间与水体体积的测量要同步。同一个流量要量测两次,且相对误差不超过 1‰方可记录数据。量测后及时将放出的水倒回水箱,以保持自循环供水,防止水箱里水位波动影响读数。

(5)调节尾阀 K 开度,由小到大,依次改变流量,重复以上实验步骤 9 次。

(6)实验结束前,需要校核在尾阀 K 关闭时,各测压管及毕托管液面是否水平,若不平,则重做。

(7)实验结束后,关闭水泵开关,拔下电源插头,打开尾阀,使实验管道水流逐渐排出,放空水箱,擦干实验台和附近地面上的水迹。

实验注意事项:

(1)实验前必须排除管道内及连通管中的气体。

(2)流量调节阀开启要缓慢,并注意测压管中水位的变化,不要使测压管水面下降太多,以免空气倒吸进入管路系统,影响实验正常进行。

(3)阀门开启后一定要等待流量稳定后再读数,并注意保持视线与测压管液面最低点处于同一水平面上。

(4)流速较大时,测压管水面出现波动时,读数一律取平均值。

(5)注意爱护秒表、量杯等实验仪器,如有损坏,应及时报告老师,予以更换。

1.4.5 数据记录与处理

(1)量测测压管和毕托管的液面高度以及对应流量,填入表 1.4-1。

表 1.4-1 实验数据记录

组数	1		2		3		4		体积 V/cm^3	时间 T/s
	毕托管	测压管	毕托管	测压管	毕托管	测压管	毕托管	测压管		
1										
2										
3										
4										
5										
6										
7										
8										
9										
10										

（2）据流量和管径，计算流速水头 $v^2/2g$，见表 1.4-2。

表 1.4-2　流速水头计算

组数	1			3			5			7		
	A/cm^2	$v/(\text{cm}\cdot\text{s}^{-1})$	$\dfrac{v^2}{2g}/\text{cm}$	A/cm^2	$v/(\text{cm}\cdot\text{s}^{-1})$	$\dfrac{v^2}{2g}/\text{cm}$	A/cm^2	$v/(\text{cm}\cdot\text{s}^{-1})$	$\dfrac{v^2}{2g}/\text{cm}$	A/cm^2	$v/(\text{cm}\cdot\text{s}^{-1})$	$\dfrac{v^2}{2g}/\text{cm}$
1												
2												
3												
4												
5												
6												
7												
8												
9												
10												

（3）由测压管读数和流速水头相加得到总水头 $\left(z+\dfrac{p}{\rho g}+\dfrac{\alpha v^2}{2g}\right)$，并与实测的毕托管液面读数进行对比，验证能量方程的正确性。总水头计算见表 1.4-3。

表 1.4-3　总水头计算

测点编号		1	3	5	7	$Q/(\text{cm}^3\cdot\text{s}^{-1})$
实验组数	1					
	2					
	3					
	4					
	5					
	6					
	7					
	8					
	9					
	10					

1.4.6　思考题

（1）通过实验观测，测压管水头线和总水头线的变化趋势有何不同？为什么？

（2）流量增加，测压管水头线有何变化？为什么？

（3）由毕托管测量的总水头线与按实测断面平均流速绘制的总水头线一般有差异，试分析其原因。

（4）为什么急变流断面不能被选作能量方程的计算断面？

1.5 动量方程实验

1.5.1 实验目的

(1) 测定喷嘴射流水流对平板或曲板的作用力。

(2) 根据测出的作用力与动量方程计算出的理论值比较,验证恒定总流动量方程,加深对基本理论、基本方程的理解。

1.5.2 实验原理

恒定总流动量方程的应用条件:

(1)流动是恒定流;

(2)作用于液体上的质量力只有重力;

(3)所选取的过水断面上,水流应该符合渐变流条件,而两过水断面之间,水流可以不是渐变流。

总流内的流体是不存在空隙的连续介质,其密度分布恒定,所以这段总流管内的流体质量也不随时间变化。没有流体穿过总流管侧壁流入或流出,流体只能通过两个过流断面进出控制体。流体质量力只有重力且迹线与流线重合。恒定流动量方程计算时所取的断面要在渐变流上,因为这样容易实现一元化表达,即断面速度水头的平均值可以用平均流速对应的速度水头乘上动能修正系数表示。动量方程是矢量式,式中作用力、流速都是矢量。动量方程式中流出动量为正,流入为负。

恒定总流动量方程建立了通过总流管两断面净流出的动量流量与这段总流管内流体所受外力之间的关系,对于有些流体力学问题,能量损失事先难以确定,故常用动量方程进行分析。此外,它与恒定总流连续方程、能量方程的联用在解决问题时十分普遍。

1.射流对水箱的反作用力

以水箱水面 I-I 、出口断面 II-II 及箱壁为控制面,对 x 轴列动量方程:

$$\sum F_x = R_x = \rho Q(\beta_2 v_{2x} - \beta_1 v_{1x})$$

式中:R_x——水箱对水流的反作用;

ρ——水的密度,$kg \cdot m^{-3}$;

Q——流量,$m^3 \cdot s^{-1}$;

β——动量修正系数,取 1;

v_{1x}——水箱水面的平均流速在 x 轴的投影,取 0;

v_{2x}——出口断面的平均流速在 x 轴的投影;

对转轴计算力矩 M 求得 R_x:

$$M = R_x L = \rho Q v L$$

式中:L——出口中心至转轴的距离,m;

v——出口流速,$m \cdot s^{-1}$。

移动平衡砝码得到实测力矩 M_0:

$$M_0 = G \times \Delta S$$

式中: G ——平衡砝码的重量, kg。

$$\Delta S = S - S_0$$

S_0 ——未出流时(静态)平衡砝码至转轴的距离, m;

S ——出流时(动态)砝码至转轴的距离, m;

2. 射流对平面的作用力

取喷嘴出口断面 I-I 、射流表面, 以及平板出流的截面 II-II 为控制面, 对 x 轴列动量方程:

$$\sum F_x = R_x = \rho Q (\beta_2 v_{2x} - \beta_1 v_{1x})$$

对转轴计算力矩 M 求得 R_x:

$$M = R_x L = \rho Q v L_1$$

式中: L_1 ——水流冲击点至转轴的距离, m。

添加砝码得到实测力矩 M_0:

$$M_0 = G L_2$$

式中: G ——砝码的重量, kg;

L_2 ——砝码作用点到转轴的距离, m。

1.5.3　实验仪器

本实验装置包括不锈钢可移动实验台、自循环供水系统、低噪环保型水泵、PVC 蓄水箱、转子流量计、控制阀门、喷水孔、砝码、转动轴承、挡板、水平仪、量角器等。

装置配有三个喷嘴, 喷嘴口径分别为 8 mm、10 mm、12 mm, 可以拆卸更换。

具体如图 1.5-1 所示。

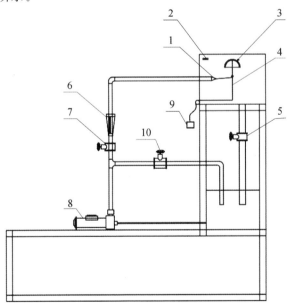

1. 喷水孔; 2. 水平仪; 3. 量角器; 4. 挡板; 5. 出水阀;
6. 流量计; 7. 流量调节阀; 8. 泵; 9. 砝码; 10. 旁路阀。

图 1.5-1　动量方程实验装置

1.5.4　实验步骤

（1）熟悉实验装置各部分名称、结构特征和作用性能,记录相关常数,确保蓄水箱中有足够的清水。

（2）在挂砝码处挂上一个 10 g 的砝码。

（3）确保旁路阀全开,启动提升泵,然后打开流量调节阀,此时可看到喷水孔有水流出。

（4）逐渐减小旁路阀的开度,增加流量调节阀的开度,使平板保持垂直。

（5）分别记下砝码质量和流量计的读数。

（6）改变砝码质量,重复步骤（3）、（4）、（5）。

（7）关闭提升泵,更换不同口径的喷水孔管,重复步骤（2）～（6）。

（8）实验结束,关闭提升泵,将水箱中的水排空。

实验注意事项:

（1）控制流量时,一定要缓慢,需等待流量计稳定后再读数。

（2）更换喷嘴时,要旋转替换,不能硬拔。

（3）实验时,一定要注意用电安全。

（4）注意爱护实验仪器,若有损坏要及时报告老师,予以更换。

1.5.5　数据记录与处理

记录常数:$d=$＿＿＿＿＿ mm,$L_1=$＿＿＿＿＿ cm,$L_2=$＿＿＿＿＿ cm。

数据记录与处理见表 1.5-1 和表 1.5-2。

表 1.5-1　实验数据记录

序号	喷嘴孔径 d/mm	流量 Q/(L·min^{-1})	砝码质量 m/g
1			
2			
3			
4			
5			
6			
7			
8			
9			
10			

表 1.5-2　数据处理

序号	G/N	$M_0/(\text{N} \cdot \text{m})$	$Q/(\text{m}^3 \cdot \text{s}^{-1})$	$v/(\text{m} \cdot \text{s}^{-1})$	R_x/N	M/N	$\dfrac{M_0}{M}/\%$
1							
2							
3							
4							
5							
6							
7							
8							
9							
10							

1.5.6　思考题

（1）反射水流的回射角度若不等于 $90°$，会对实验结果产生什么影响？

（2）实测 β（平均动量修正系数）与公认值（$\beta = 1.02 \sim 1.05$）是否符合？如不符合，试分析原因。

（3）连续介质的动量方程在生活中有哪些应用？

1.6 沿程水头损失实验

1.6.1 实验目的

（1）加深了解圆管层流和紊流的沿程损失随平均流速变化的规律。

（2）掌握管道沿程水头损失系数的量测技术和应用压差计的方法。

（3）验证在各种情况下沿程水头损失与平均流速的关系，以及沿程水头损失系数随雷诺数和相对粗糙度的变化规律。

（4）根据紊流粗糙区的实验结果，计算管壁的粗糙系数值和相对粗糙度。

1.6.2 实验原理

沿程水头损失是指单位重量的液体从一个断面流到另一个断面由于克服内摩擦阻力消耗能量而损失的水头。这种水头损失随流程的增加而增加，且在单位长度上的损失率相同。

同一直径管道中的恒定水流，如图 1.6-1 所示，在任两个过水断面 1-1 与断面 2-2 上列能量方程得

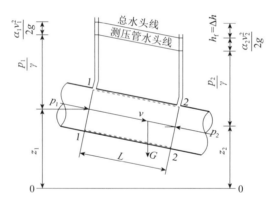

图 1.6-1 沿程水头损失分析

$$z_1 + \frac{p_1}{\rho g} + \frac{\alpha_1 v_1^2}{2g} = z_2 + \frac{p_2}{\rho g} + \frac{\alpha_2 v_2^2}{2g} + h_f$$

因为管径相同，所以通过断面 1-1 和断面 2-2 的流速相同，流速水头相同，则

$$h_f = \left(z_1 + \frac{p_1}{\rho g}\right) - \left(z_2 + \frac{p_2}{\rho g}\right) = \Delta h$$

式中：h_f——沿程水头损失；

    Δh——两个量测断面的水头差。

沿程水头损失的另一表达式是达西公式，即

$$h_f = \lambda \frac{l}{d} \frac{v^2}{2g}$$

式中：λ——沿程水头损失系数，或称沿程阻力系数；

d——圆管的直径;

l——两个过水断面之间的距离;

v——圆管中的平均流速。

由此,得沿程水头损失系数

$$\lambda = \frac{2dg}{l}\frac{h_f}{v^2} = K\frac{h_f}{v^2}$$

不同流动形态及流区的水流,其沿程水头损失与断面平均流速的关系是不同的。层流流动中的沿程水头损失与断面平均流速的 1 次方成正比。紊流流动中的沿程水头损失与断面平均流速的 $1.75 \sim 2.0$ 次方成正比。

实际工程中的管流多在紊流的阻力平方区,管道表面粗糙度对沿程水头损失的影响很大,所以在选用管材时应尽量选用内壁光滑、防腐性能好、不易生锈的新材料。例如我国生产的离心球墨铸铁管,与一般铸铁管相比,由于采用了离心浇铸和离心涂衬工艺,内壁表面光滑,均匀平整,水泥砂浆内衬与管壁结合牢固,耐腐蚀性能强,正在逐渐替换老式的铸铁管。

1.6.3　实验仪器

本装置如图 1.6-2 所示,由循环水箱、自循环水泵、供水阀、稳压罐、实验管道、流量调节阀、计量杯、回水管、压差计等组成。实验管道有三种不同直径的有机玻璃管,分别为 10 mm、14 mm 和 19 mm,稳压罐可以避免水泵直接向实验管道供水而造成压力波动。

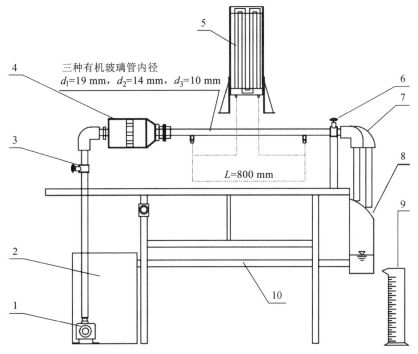

1. 水泵;2. 循环水箱;3. 前调节阀;4. 稳压罐;5. 压差板;6. 后调节阀;
7. 计量移动管;8. 回水箱;9. 计量杯;10. 回水管。

图 1.6-2　沿程水头损失实验装置

1.6.4　实验步骤

（1）认真阅读实验指导书，认识实验装置的结构，记录下圆管直径、测点断面之间的管段长度等常数。

（2）接通电源，开启水泵，打开实验管道上的前后调节阀门，使管道充满水。

（3）关闭后调节阀门，检查各个测压管水面是否处于同一平面上。如不平，则需用洗耳球将连接软管中的气体排出调平。

（4）打开后调节阀门，观察测压管读数是否在正常位置，量测并读取压差计读数 h_1 和 h_2。

（5）待流量稳定后，用计量杯和秒表（体积法）测量流量。

（6）逐次开大流量调节阀，共测 10 次。

（7）结束实验前，应关闭后调节阀，检查压差计读数是否等于零，若不为零则需重做实验。

（8）在实验开始和结束时分别量测水温，加以平均作为实验水温。

（9）实验结束后，关闭水泵，拔下电源插头，放空管道和水箱里的水，擦干实验台和附近地面的水迹。

实验注意事项：

（1）每次调节流量时，均需稳定 2～3 min，流量愈小，稳定时间愈长；测流量时间不小于 30 s。

（2）水流的紊动使压差计水面波动，应记录水面的时均值。

（3）测流量的同时，需测记压差计，温度计应挂在水箱中读数。

（4）爱护秒表、量筒、温度计等实验工具，若有损坏，及时报告老师进行更换。

1.6.5　数据记录与处理

记录常数：管道直径 $d=$ _____，实验段长度 $l=$ _____，水温 $t=$ _____。

数据记录及处理见表 1.6-1。

表 1.6-1　实验记录及数据处理

次序	体积 V/cm³	时间 T/s	流量 Q/(cm³·s⁻¹)	流速 v/(cm·s⁻¹)	水温 t/℃	黏度 ν/(cm²·s⁻¹)	Re	压差计 h_1/cm	压差计 h_2/cm	h_f/cm	λ
1											
2											
3											
4											
5											
6											
7											
8											
9											
10											

1.6.6　思考题

（1）为什么压差计的水柱高度差就是实验管段的沿程水头损失？实验管道若安装成向下倾斜，是否会影响实验结果？

（2）同一流体流经两个管径和管长均相同而当量粗糙度不同的管道时，若流速相同，其沿程水头损失是否相同？

（3）为了得到管道的沿程水头损失系数 λ，在实验中需要量测沿程水头损失 h_f、管径 d、管段长度、流量等，其中哪一个的精度对 λ 的影响最大？量测时应注意什么？

（4）试利用本实验仪器设计一个实验，测定不锈钢实验管段的平均当量粗糙度。

1.7 局部水头损失实验

1.7.1 实验目的

（1）掌握测定管道局部阻力系数 ζ 的方法，并与理论公式或者经验公式的计算值相比较。

（2）观察管道突扩和突缩部分的测压管水头变化，加深对局部阻力损失机理的理解。

（3）通过对圆管突扩局部阻力系数的包达公式和突缩局部阻力系数的经验公式的实验验证与分析，熟悉用理论分析法和经验法建立函数式的途径。

1.7.2 实验原理

水流在流动过程中，水流边界条件或过水断面的改变，引起水流内部各质点的流速、压强发生变化，水流质点间相对运动加强，水流内部摩擦阻力所做的功增加，水流在流动调整过程中消耗能量所损失的水头称为局部水头损失 h_j。由于边界变化的形式（如断面变化、弯头、阀门、分叉等）多种多样，引起液流结构的变化也各不相同，除少数几种情况可以采用理论结合实验来计算外，绝大部分需由实验测定。

局部水头损失是流动形态与边界形状的函数。当水流的雷诺数 Re 足够大时，可以认为系数 ζ 不再随 Re 而变化，可视为一常数。这意味着局部水头损失系数随着流动形态和边界形状的变化而变化。这种变化会导致单位重量液体的能量损失，即水头损失，从而影响流体的整体流动特性。

局部水头损失可以通过能量方程进行分析，通过对局部阻力前后两断面列能量方程，根据推导条件，扣除沿程水头损失可得。

1. 突然扩大

采用三点法计算，A 为突扩点。下式中 h_{f1-2} 由 h_{f2-3} 按流长比例换算得出。

$$h_j = \left(z_1 + \frac{p_1}{\rho g} + \frac{v_1^2}{2g}\right) - \left(z_2 + \frac{p_2}{\rho g} + \frac{v_2^2}{2g}\right) - h_{f1-2}$$

$$\zeta = \frac{h_j}{\frac{v^2}{2g}}$$

圆管突然扩大的理论公式为

$$\zeta' = \left(1 - \frac{A_1}{A_2}\right)^2$$

2. 突然缩小

采用四点法计算，下式中 B 点为突缩点，h_{f3-B} 由 h_{f2-3} 换算得出，h_{fB-4} 由 h_{f4-5} 换算得出。

实测

$$h_j = \left[\left(Z_3 + \frac{p_3}{\gamma}\right) + \frac{v_3^2}{2g} - h_{f3-B}\right] - \left[\left(Z_4 + \frac{p_4}{\gamma}\right) + \frac{v_4^2}{2g} + h_{fB-4}\right]$$

$$\zeta = \frac{h_j}{\frac{u_4^2}{2g}}$$

圆管突然缩小的理论公式为

$$\zeta' = 0.5\left(1 - \frac{A_1}{A_2}\right)$$

1.7.3　实验仪器

实验装置如图 1.7-1 所示。

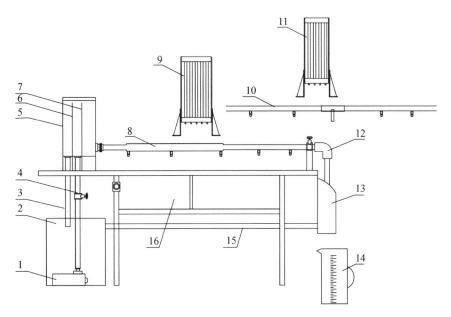

1. 循环水泵；2. 蓄水箱；3. 溢流管；4. 进水阀门；5. 有机玻璃上水箱；6. 水堰板；7. 溢流板；
8. 突扩突缩局部阻力测试管；9. 测压板；10. 阀门阻力测试管；11. 测压板；12. 活动管；
13. 回水箱；14. 计量杯；15. 回水管；16. 实验桌。

图 1.7-1　局部水头损失实验装置

本实验装置由蓄水箱、突然扩大实验管道、突然缩小实验管道、测压管、流量调节阀等组成。实验管道由一段小直径的圆管加中间一段大直径的圆管，再加一段小直径的圆管组成，其中，前后两段小直径的圆管大小一样。如图 1.7-2 所示，管道上一共有 5 个点，第一个点为圆管突然扩大处，第二个点和第三个点为大直径圆管，第四个点为圆管突然缩小处，第五个点为小直径圆管。每个点之间的距离均相等，为 200 mm。其中对断面 2 和 3 列能量方程，2-3 断面之间的能量损失只有沿程水头损失；对断面 4 和 5 列能量方程，4-5 断面之间的能量损失也只有沿程水头损失。而对断面 3 和 4 列能量方程，则不仅有沿程水头损失，也有局部水头损失。点 3 到突然缩小处的距离正好为点 2 到点 3 距离的一半，点 4 到突然缩小处的距离正好为点 4 到点 5 距离的一半，因此，3-4 断面之间的沿程水头损失为 2-3 断面之间的沿程水头损失一半加上 4-5 断面之间的沿程水头损失一半之和。

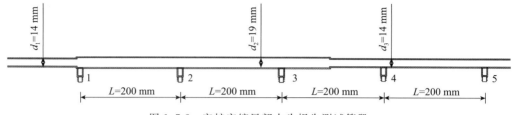

图 1.7-2　突扩突缩局部水头损失测试管段

1.7.4　实验步骤

（1）熟悉实验装置及原理，记录实验管道直径、长度等相关常数。

（2）打开电源开关，向水箱供水，检查各测压管的连接软管接头，并排出实验管道中滞留气体及测压管气体。全关流量调节阀，检查各测压管的液面是否平齐，若不平齐则需要用洗耳球进行排气调平。

（3）打开流量调节阀至某一开度，等流量稳定后，测记测压管读数，同时用体积法量测流量。

（4）继续打开流量调节阀开度，按照步骤（3）重复 9 次，分别测记测压管读数及流量。

（5）实验结束前，需校核在流量调节阀关闭时，各测压管液面是否水平，若不水平则需重做。

（6）实验结束后，关闭水泵开关，拔下电源插头，放空水箱，擦干实验台和附近地面上的水迹。

实验注意事项：

（1）实验测读必须在水流稳定后再进行。

（2）流速较大时，测压管液面可能有脉动现象，读数时要读取时均值。

（3）每次量测流量后，计量杯里的水要及时倒进回流水槽中，以免循环水不够，导致出水水位不恒定。

（4）爱护秒表、计量杯等实验工具，若有损坏，及时报告老师予以更换。

1.7.5　数据记录与处理

（1）记录常数：$L=$＿＿＿＿＿＿＿，$D=$＿＿＿＿＿＿＿，$d=$＿＿＿＿＿＿＿。

实验记录见表 1.7-1。

表 1.7-1　实验记录

组数	体积 V/cm^3	时间 T/s	流量 $Q/$ $(\mathrm{cm}^3 \cdot \mathrm{s}^{-1})$	测压管读数 h/cm				
				1	2	3	4	5
1								
2								
3								
4								
5								
6								
7								
8								
9								
10								

（2）计算突然扩大和突然缩小处的水头损失,见表 1.7-2、表 1.7-3。

表 1.7-2　突然扩大水头损失计算

阻力形式	组数	流量 $Q/(\mathrm{cm}^3 \cdot \mathrm{s}^{-1})$	前断面		后断面		h_f/cm	h_j/cm	ζ
			$\dfrac{\alpha v^2}{2g}/\mathrm{cm}$	E/cm	$\dfrac{\alpha v^2}{2g}/\mathrm{cm}$	E/cm			
突然扩大水头损失	1								
	2								
	3								
	4								
	5								
	6								
	7								
	8								
	9								
	10								

表 1.7-3　突然缩小水头损失计算

阻力形式	组数	流量 $Q/(\mathrm{cm}^3 \cdot \mathrm{s}^{-1})$	前断面		后断面		h_f/cm	h_j/cm	ζ
			$\dfrac{\alpha v^2}{2g}/\mathrm{cm}$	E/cm	$\dfrac{\alpha v^2}{2g}/\mathrm{cm}$	E/cm			
突然缩小水头损失	1								
	2								
	3								
	4								
	5								
	6								
	7								
	8								
	9								
	10								

1.7.6　思考题

（1）结合实验成果,分析比较圆管突然扩大与突然缩小在相同条件下水头损失的大小关系,并对实测局部水头损失和局部阻力系数与理论值或经验值进行比较分析。

（2）结合流动现象演示实验中所见到的水力现象,分析局部水头损失的机理。圆管突扩与突缩局部水头损失的主要部位在哪里？怎样减少局部水头损失？

（3）设计性实验:如何将实验装置稍加改变,量测流量调节阀的局部水头损失？

（4）试说明用理论分析法和经验法建立相关物理量间函数关系的途径。

1.8　毕托管测速实验

1.8.1　实验目的

（1）了解毕托管的构造和使用条件，检验其量测精度，学习率定毕托管流速校正系数的方法。
（2）测定管嘴淹没出流时出口点流速及点流速系数，掌握用毕托管量测点流速的技能。
（3）分析管嘴淹没射流的流速分布及流速系数的变化规律。

1.8.2　实验原理

水在流动过程中总是遵守着机械能转化与守恒规律的，但对每一种具体的水流情况，它的三种机械能之间究竟怎样发生转化，就取决于水流的具体边界条件。当水流受到迎面物体的阻碍，被迫向周边分流时，在物体表面上受到水流顶冲的点水流的流速为零，叫作水流的驻点。在驻点处水流的动能全部转化为压能。

毕托管是法国人亨利·毕托在 1732 年发明的。毕托管具有结构简单、使用方便、测量精度高、稳定性好等特点，因此应用广泛。其结构如图 1.8-1 所示。在圆头形的探头上，于驻点处打一个与边界正交的小孔，为了避免产生局部扰流，小孔的周围边缘需要仔细加工。小孔的另一端连一测压管，由此测出 H 值。在探头侧面上开有量测的小孔，其位置应在均匀流速区内，即在不受探头干扰的流场中。

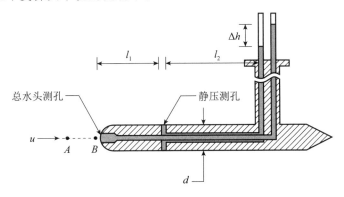

图 1.8-1　毕托管结构及测速原理

由图 1.8-1 中可以看出，毕托管是根细弯管，其前端和侧面均开有小孔，当需要量测水中某点流速时，将弯管前端（动压管）置于该点并正对水流方向，侧面小孔（静压管）垂直于水流方向。前端小孔和侧面小孔分别由两个不同的通道接入两根测压管，测量时只需要测出两根测压管的水面差，即可求出所测测点的流速。设 A、B 两点的距离很近，流速都等于 u，现将毕托管前端置于 B 点，B 点的流速为零，该点的动能全部转化为势能，使得

管内水面升高 Δh。

对 A、B 两点列能量方程,忽略两点间的能量损失,有

$$z_A + \frac{p_A}{\rho g} + \frac{u^2}{2g} = z_B + \frac{p_B}{\rho g} + 0$$

得到 $u = \sqrt{2g\Delta H}$。

由于毕托管在生产过程中有加工误差,需对毕托管进行校正,得到该毕托管校正系数 c。加以修正后得到毕托管测速公式如下:

$$u = c\sqrt{2g\Delta h} = k\sqrt{\Delta h}$$

式中:u——毕托管测点处流速;

$\quad\quad c$——毕托管校正系数;

$\quad\quad \Delta h$——毕托管总水头与静压水头之差;

$\quad\quad k$——常数,且 $k = c\sqrt{2g}$。

对于管嘴淹没出流,管嘴作用水头 ΔH(高低水箱水位差)、流速系数 φ' 与流速 u 之间有如下关系:

$$u = \varphi'\sqrt{2g\Delta H}$$

式中:u——测点处流速;

$\quad\quad \varphi'$——测点处流速系数;

$\quad\quad \Delta H$——管嘴作用水头。

可得,$\varphi' = c\sqrt{\dfrac{\Delta h}{\Delta H}}$。

因此,只要测出 Δh 和 ΔH,便可以测出管嘴出流的点流速系数 φ',再与实际流速系数(经验值 $\varphi' = 0.995$)比较,即可得出量测精度。

在明渠流中,一般毕托管测量范围为 $0.15\sim2.00$ m/s,有压管道中可用柱形毕托管进行测速,其最大流速可达 6.00 m/s。

1.8.3 实验仪器

实验设备和仪器如图 1.8-2 所示。实验设备由供水水箱、水泵、开关、毕托管及导轨、测压计和实验台等组成。在高水箱有一管嘴,高水箱水经该管嘴流入低水箱中,高、低水箱水位差的位能转换成动能,用毕托管在管嘴出口 $2\sim3$ cm 处测出其点流速。测压计的测压管 ①和②用于量测高低水箱的①、②位置水头,测压管③和④分别与毕托管的总水头测压孔、静压水头测压孔连通,用于测量管嘴出流总水头和静压水头。通过水位调节阀可调节高水箱水位,从而改变管嘴出流点流速。

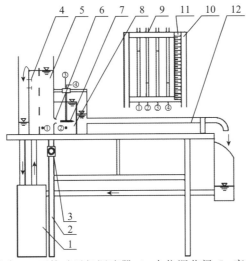

1. 自循环供水器；2. 实验台；3. 可控硅无级调速器；4. 水位调节阀；5. 高水箱与测压点①；6. 管嘴；

7. 毕托管及其测压点③、④；8. 低水箱与测压点②；9. 测压管①～④；10. 测压计；

11. 滑动测量尺；12. 上回水管。

图 1.8-2　毕托管测速实验装置

1.8.4　实验步骤

（1）熟悉实验装置及实验原理，记录有关常数。

（2）将毕托管对准管嘴中心，在距离管嘴口 2～3 cm 处，使总水头测孔中心线位于管嘴中心线上，然后固定毕托管。

（3）开启水泵，将流量调至最大，使得高低水位水箱加满水并溢流，管嘴有水以一定速度流出。

（4）待高低水箱溢流后，用洗耳球放在测压管口抽吸，将毕托管及高低水箱的 4 根测压管连通管中气体抽出，检查测压管①和②水柱液面同高低水箱液面是否齐平，测压管③和④是否齐平，否则需要重新排气。

（5）记录各测压管读数，填入实验表格。

（6）改变流速：调整水位调节阀位置，改变高水箱水位，得到不同的管嘴出流速度。分别获得三个不同的恒定水位及相应的流速，并记录数据至表格中。

（7）量测并分析管嘴淹没射流的流速分布及变化规律：

分别沿垂向和流向改变测点的位置，观测管嘴淹没射流的流速分布。稳定后，分别读取测压管③和④的差值 Δh。可以发现，射流边缘位置比射流中心位置的 Δh 小，表明射流中心流速大，边缘流速小。

在有压管道量测中，管道直径相对毕托管的直径在 6～10 倍时，毕托管测速误差在 2%～5%，不宜使用。试将毕托管头部伸入到管嘴中，予以验证。

（8）实验结束前，再次检查静水时毕托管差压计的水位是否齐平，否则需重做。

（9）实验结束后，关闭水泵开关，拔下电源插头，将实验工具归放原位，擦干实验台和附近地面上的水迹。

实验注意事项：

（1）测压管连通管中气体要排除干净。

（2）毕托管排气后，移动毕托管时不能将毕托管头部露出水面，否则应重新排气。

（3）毕托管安装时务必对准管嘴中心，且其轴线与管嘴轴线一致，毕托管距离管嘴2～3 cm，距离太近或太远都会导致误差较大。

（4）毕托管头部应对准来流方向，否则量测的可能不是来流的流速，而是流速的一个分量。

（5）连接毕托管的两根测压管中水位变化比较缓慢，稳定时间需要3分钟以上，实验量测必须在水流完全稳定后方可进行，否则会造成较大误差，为此，要求间隔1～2分钟以后再对量测值复核测读一次。

1.8.5　数据记录与处理

数据记录及计算见表1.8-1。

毕托管校正系数 $c=$＿＿＿＿＿＿，$k=$＿＿＿＿＿＿。

表1.8-1　毕托管测速实验数据

实验序号	高低水箱水位差			毕托管水头差			测点流速 u	测点流速系数 φ'
	h_1/cm	h_2/cm	$\Delta H/\mathrm{cm}$	h_3/cm	h_4/cm	$\Delta h/\mathrm{cm}$		
1								
2								
3								

1.8.6　思考题

（1）利用毕托管测速、测压管量测点压强时，为什么要排气？如何检查连通管气体是否排干净？分析影响本实验精度的因素。

（2）管嘴作用水头 ΔH 和毕托管总水头与静压水头之差 Δh 之间的大小关系怎样？为什么？

（3）所测的管嘴出流的流速系数 φ' 是否小于1？为什么？

（4）描述管嘴淹没射流的流速分布及变化规律；验证同一水位下，管嘴射流在不同位置点上有不同的流速系数 φ' 值。

（5）为什么在光、声、电技术高度发展的今天，仍然常用毕托管这一传统的流体测速仪器？

1.9　文丘里流量计实验

1.9.1　实验目的

（1）了解文丘里流量计的构造、工作原理和适用条件,掌握文丘里流量计流量系数的测量方法。

（2）掌握管道流量测试技术和应用气-水多管压差计量测压差的技术。

（3）点绘文丘里流量计压差与实测流量的关系曲线。

1.9.2　实验原理

实验室中量测恒定流量的方法分为直接量测法和间接量测法两大类。直接量测法是最原始和可靠的方法,根据流量的定义,直接量测在一定时间内流经管道或明渠的液体总体积（或液体的总重量）,即可得到流量。还有一种间接量测法,根据实验中测得的其他数据（如液位、压差、流速等）经过一定的换算而得出所测流量的数值。

压差式流量计是根据总流能量方程设计的最基本的、最常用的流量量测仪器,它通过量测流体不同部位的压强差来实现有压流与明渠流的流量量测。在有压管道中设置可以引起压强变化的局部管件,当连续流动着的液流遇到这些局部管件时过流断面突然缩小,液流产生收缩,流速增大,压强减小;流过这种局部管件以后,过流断面变大,液流扩散,流速降低,压强增大。这样在局部管件前后的液流压强就产生差异,压强改变的大小与管道内通过的流量存着一定的关系,利用这种关系可以计算出管道中通过的流量。这类量测流量的设备称为压差式流量计。它的优点是结构简单、使用方便、可靠度高,广泛应用于实验室和野外的流量量测。

文丘里流量计是一种常用的测量有压管道流量的装置,属压差式流量计,由意大利人文丘里发明,是常用于测量空气、天然气、煤气、水等流体流量的仪器。它由收缩段、喉管段和扩散段三部分组成,如图 1.9-1 所示。文丘里管本身又分为圆锥形和喷嘴型两种,而每一种又分为长管型和短管型。

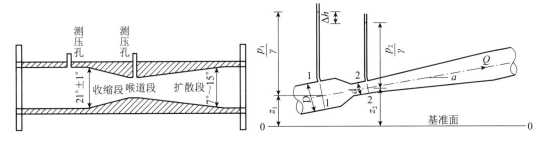

图 1.9-1　文丘里流量计构造和理论分析

圆锥形文丘里流量计由入口圆锥管段、收缩段、喉管段及出口圆锥管段组成,其节流孔径比（喉道直径与管道直径之比）$\beta = d/D = 0.3 \sim 0.75$。喉道长度与喉道直径相同。在喉道部和上游收缩段前 $D/2$ 的圆管段设测压孔,以便测出这两个断面的压差。与同一孔径的孔板、喷嘴流量计相比,文丘里流量计水头损失较小,因此被广泛应用在工业管道上测量流量。

当流体通过文丘里流量计时,圆管段和喉道段的断面面积不同而产生压差,通过流量不同,其压差的大小也不同,所以可以根据压差的大小来测定流量。

对断面 1-1 和断面 2-2 列能量方程,并设 $\alpha_1 \approx 1$,$\alpha_2 \approx 1$,且不考虑两断面之间的水头损失,则有

$$z_1 + \frac{p_1}{\gamma} + \frac{\alpha_1 v_1^2}{2g} = z_2 + \frac{p_2}{\gamma} + \frac{\alpha_2 v_2^2}{2g} \tag{1.9-1}$$

由上式可得

$$\frac{\alpha_2 v_2^2}{2g} - \frac{\alpha_1 v_1^2}{2g} = \left(z_1 + \frac{p_1}{\gamma}\right) - \left(z_2 + \frac{p_2}{\gamma}\right) = \Delta h \tag{1.9-2}$$

式中:z_1、z_2、$\dfrac{p_1}{\gamma}$、$\dfrac{p_2}{\gamma}$、$\dfrac{\alpha_1 v_1^2}{2g}$、$\dfrac{\alpha_2 v_2^2}{2g}$——断面 1-1 和断面 2-2 的位置水头、压强水头和流速水头;

Δh——断面 1-1 和断面 2-2 的测压管水头差。

由连续方程可得

$$v_1 = \frac{A_2 v_2}{A_1} = \left(\frac{d}{D}\right)^2 v_2 \tag{1.9-3}$$

式中:A_1、A_2——管道和文丘里流量计喉道断面的面积;

d、D——文丘里流量计喉道和管道断面的直径。

将式(1.9-3)代入式(1.9-2)得

$$v_2 = \sqrt{\frac{2g\Delta h}{1 - \left(\dfrac{d}{D}\right)^4}}$$

通过文丘里流量计的流量为

$$Q = A_2 v_2 = \frac{\pi d^2}{4} \sqrt{\frac{2g\Delta h}{1 - \left(\dfrac{d}{D}\right)^4}}$$

令 $K = \dfrac{\pi d^2}{4} \sqrt{\dfrac{2g}{1 - \left(\dfrac{d}{D}\right)^4}}$,则

$$Q_{理论} = K\sqrt{\Delta h}$$

式中:K——常数,且仅仅取决于文丘里管尺寸的 D 和 d 并可以事先确定,称为文丘里管常数;

Δh——两断面测压管水头差。

由于实际阻力的存在,实际通过的流量 $Q_{实际}$ 恒小于 $Q_{理论}$,引入流量系数 μ 对计算所得流量进行修正,即 $Q_{实际} = \mu Q_{理论}$。

式中,μ 称为文丘里管流量系数,$\mu < 1$,一般取值范围 $\mu = 0.95 \sim 0.98$,随着液流流动情况(用雷诺数表示)和管道的几何形状、尺寸而变化。在 D 和 d 均已固定的情况下,根据实验得知 μ 值随雷诺数的大小而不同,但在雷诺数较大时 μ 值接近于一个常数。

1.9.3 实验仪器

实验装置如图 1.9-2 所示。

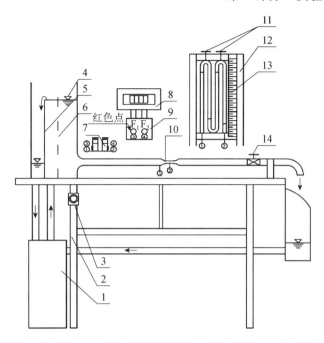

1. 自循环供水器;2. 实验台;3. 可控硅无级调速器;4. 恒压水箱;5. 溢流板;6. 稳水孔板;
7. 稳压筒;8. 压差电测仪;9. 压差传感器;10. 文丘里流量计;11. 压差计气阀;12. 压差计;
13. 滑尺;14. 实验流量调节阀。

图 1.9-2 文丘里综合实验装置

实验设备为自循环实验系统,包括水泵、恒压水箱、实验管道、文丘里流量计、压差计和实验台等。

1.9.4 实验步骤

(1)熟悉实验装置各部分的名称、作用、性能和文丘里流量计的构造特征,以及实验原理。测记各有关的常数和实验参数,填入实验表格。

(2)打开水泵,使水流充满稳水箱,并保持溢流状态,然后打开实验流量调节阀,使水流通过文丘里管。

(3)关闭实验流量调节阀门,如测压管中水位齐平,即可开始实验;若不齐平,说明连接软管有气泡存在,需查明原因把气泡排尽,才能进行实验。

(4)改变流量调节阀门,使管道通过较大流量,且测压管的水位均能读数。等到水流稳定后,开始测定测压管水位并记录,读数时视线与测压管凹液面最低处齐平,并用体积法量测此时的流量。

(5)调节流量调节阀门,依次增大或减少流量9次,重复步骤(4),每次压差下降要均匀,等到水流稳定后继续测定。

(6)根据公式计算出理论流量、实测流量和流量系数 μ。

(7)实验结束前,需校核在流量调节阀关闭时,测压管及压差计是否齐平,否则,需要重做。

（8）实验数据检查无误后，关闭电源开关，拔掉电源插头，打开阀门放空水箱，将实验工具归放原位，擦干实验台和附近地面上的水迹。

实验注意事项：

（1）测压管中的空气必须排完，否则测量压差的数据不正确。

（2）每次改变流量后的量测必须在水流稳定后方可进行，否则影响实验精度。

（3）读取测压管读数、控制调节阀门和量测流量时需要同组的同学相互配合。

（4）量测流量后，量筒的水要及时倒回接水槽，不要倒在其他地方，以免循环水不够。

（5）注意用电安全，爱护实验工具，若有损坏，应及时报告老师，予以更换。

1.9.5 数据记录与处理

（1）记录常数：文丘里管断面直径 $d=$ _____ cm，管道直径 $D=$ _____ cm。

数据记录见表 1.9-1。

表 1.9-1 数据记录

测次	h_1/cm	h_2/cm	体积 V/mL	时间 T/s
1				
2				
3				
4				
5				
6				
7				
8				
9				
10				

（2）数据处理见表 1.9-2。

表 1.9-2 实验数据结果计算

测次	压差 Δh/cm	文丘里常数 K	$Q_{理论}/(\mathrm{cm}^3 \cdot \mathrm{s}^{-1})$	$Q_{实际}/(\mathrm{cm}^3 \cdot \mathrm{s}^{-1})$	文丘里管流量系数 μ
1					
2					
3					
4					
5					
6					
7					
8					
9					
10					

1.9.6 思考题

（1）文丘里流量计有何安装要求和适用条件？

（2）本实验中，影响文丘里流量计流量系数大小的因素有哪些？哪个因素最敏感？

（3）分析文丘里流量计所测理论流量与实际流量之间差值的大小，并分析原因。

（4）通过实验说明文丘里流量计的流量系数 μ 随流量有什么变化规律。

1.10 孔口管嘴实验

1.10.1 实验目的

(1) 观察孔口及管嘴自由出流的水流现象,以及圆柱形管嘴内的局部真空现象。

(2) 掌握量测孔口和管嘴出流的流速系数、流量系数和侧收缩系数的技能。

(3) 分析管嘴的进口形状(直角和喇叭)、管嘴类型(直管和锥管)对出流能力的影响。

(4) 测定薄壁圆形孔口和管嘴自由出流时的流量系数 μ。

1.10.2 实验原理

水流经过孔口流出的流动现象称为孔口出流,其出流条件可以是恒定的或者是变液位下的出流,可以直接流入空气,也可以流入到同一介质的流体中。在孔口上连接长 3～4 倍孔口直径的短管,水流经过短管并在出口断面满管流动的水流现象称为管嘴出流。管嘴按其形状可分为流线型管嘴、圆柱形管嘴和圆锥形管嘴。

孔口和管嘴主要用来控制液流和测量流量。给排水工程中的各类取水、液压传动中的阀门、气化器、喷射器以及某些测量流量的设备等都属于孔口出流。在水力采煤、水力挖掘、消防等设备中使用的水枪、水力冲土机、消火龙头、水力冲刷机及冲击式水轮机等都属于管嘴出流。

根据孔口的出流条件,孔口出流可以分为以下几种类型。

(1) 从出流的下游条件看,孔口出流可分为自由出流和淹没出流。出流水股射入大气中称为自由出流,下游水面淹没孔口时称为淹没出流。

(2) 从射流速度的均匀性看,分为小孔口出流和大孔口出流。孔口各点的流速可认为是常数时称为小孔口出流,否则称为大孔口出流。一般认为孔口高度 $e \leqslant 0.1H$ 时为小孔口出流,这时,作用于孔口断面上各点的水头可近似认为与形心处的水头相等。若 $e > 0.1H$ 时,则称为大孔口出流,作用于大孔口的上部和下部的水头有明显的差别。

(3) 按孔口作用水头是否稳定分为常水头孔口出流和变水头孔口出流。

(4) 按孔壁厚度及形状对出流的影响分为薄壁孔口出流和厚壁孔口出流。若孔口具有锐缘,流体与孔壁几乎只有周线上的接触,孔壁厚度不影响射流形状时,称为薄壁孔口出流;反之,称为厚壁孔口出流。当孔壁厚度达到孔口高度的 3～4 倍时,出流充满孔壁的全部周界,此时便是管嘴出流。

当孔口直径 $d \leqslant 0.1H$ 时称为圆形薄壁小孔口出流。当液体从孔口流出时,由于水流的惯性作用,流线不是折线而只能是一条光滑的曲线,因此在孔口断面上各流线互不平行,而是水流在出口后继续形成收缩,在距离孔口约 $0.5d$ 处水股断面完全收缩到最小,该断面称为收缩断面。在收缩断面上各流线互相平行。过收缩断面以后,液体在重力作用下降落。

收缩分为完善收缩、非完善收缩和部分收缩。完善收缩是指孔口距离器壁及液面相当远,器壁对孔口的收缩情况毫无影响。一般认为,只有当孔口距器壁的距离大于孔口尺寸的

3 倍才会发生完善收缩。当孔口距器壁的距离小于 3 倍的孔口尺寸时,其收缩情况受器壁的影响,这种收缩称为非完善收缩。如果只有部分边界上有收缩,称为部分收缩。对于圆形薄壁小孔口,在完善收缩时的收缩系数为 0.6~0.64。

常用的圆柱形外伸管嘴为 $L=(3\sim4)d$ 的短管嘴。这样的管嘴称为文丘里管嘴。当水流刚一进入管嘴时,首先产生一收缩现象,如同孔口出流,然后又逐渐扩大至全管后满管流出。管嘴出流的收缩断面在管嘴内部,出口断面的水流不发生收缩,故收缩系数为 1.0。与孔口出流比较,管嘴出流除有孔口的阻力损失外,还有扩大的局部阻力和沿程阻力。

比较管嘴出流和孔口出流的流量系数可以看出,如果管嘴出口与孔口的面积相等,作用水头也相等,管嘴出流的阻力大于孔口出流的阻力,但管嘴出流的流量系数大于孔口出流的流量系数。管嘴内部收缩断面上的真空度与水头 H_0 有关,H_0 越大,真空度也越大。这样,似乎为加大管嘴出流的流量,要求真空度尽可能大。然而实际情况是真空度过大,会使收缩断面处的绝对压强过低,其结果是该处液体发生气化,产生气泡,被液流带出管嘴,而管嘴口外的空气也将在大气压作用下沿管嘴内壁冲进管嘴内,使管嘴内的液流脱离内管壁,成为非满流出管。此时管嘴实际上已不起作用,犹如孔口出流一样。理论上最大真空度为 10.33 m 水柱,所以要保证收缩断面的真空度,最大作用水头不超过 $H_{0max}=10.33/0.74=13.96$ m。实际上,在作用水头远不到 H_{0max} 时,管嘴中的液流因真空度过大已产生空化,发生了空蚀,因而流束脱离开管嘴壁面。

如果管嘴和孔口的过水断面面积相同,作用水头相同,要使两者的过流量相同,则此时孔口和管嘴的流量系数是相同的,取系数为 0.60,则可以得出,管嘴的长度约为其断面直径的 66 倍;若管嘴长度大于此长度,则沿程阻力增加,出流量将减少,反之出流量将增大。

在一定水头 H_0 作用下薄壁小孔口(或管嘴)自由出流时的流量,可用下式计算:

$$Q=\varepsilon A\varphi\sqrt{2gH_0}=\mu A\sqrt{2gH_0}$$

式中:$H_0=H+\dfrac{\alpha v_0^2}{2g}$,一般因行进流速水头很小可忽略不计,所以 $H_0=H$;

ε——收缩系数,对孔口 $\varepsilon=0.63\sim0.64$,对管嘴 $\varepsilon=1.0$;

A、d——孔口(或管嘴)断面面积、直径;

$\varphi=\dfrac{1}{\sqrt{\alpha+\xi}}=\dfrac{\mu}{\varepsilon}$——流速系数,孔口 $\varphi=0.97\sim0.98$,圆柱形外管嘴 $\varphi=0.82$;

$\mu=\varepsilon\varphi$——流量系数,孔口 $\mu=0.60\sim0.62$,圆柱形外管嘴 $\mu=0.82$;

$\zeta=\dfrac{1}{\varphi^2}-\alpha$——局部阻力系数,孔口 $\zeta=0.04\sim0.06$,圆柱形外管嘴 $\zeta=0.5$。

根据理论分析,圆柱形外管嘴收缩断面处的真空度 $h_v=p_v/\rho g=0.75H$。

实验时,只要测出孔口及管嘴的直径和收缩断面直径,读出作用水头 H,测出流量,就可以测定、验证上述各系数。

1.10.3 实验仪器

本实验装置为自循环实验系统,由实验台、恒压水箱、水泵、溢流板、测压管等部分组成,具体如图 1.10-1 所示。

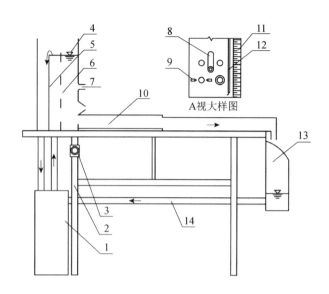

1. 自循环供水器；2. 实验台；3. 无级调速器；4. 恒压水箱；5. 溢流板；6. 稳水孔板；
7. 孔口或管嘴；8. 防溅板旋钮；9. 移动触头；10. 上回水槽；11. 标尺；
12. 测压管；13. 回流接水槽；14. 下回水管。

图 1.10-1　孔口管嘴实验装置

在恒压水箱的箱壁上设置有薄壁孔口、直角及流线型进口圆柱形管嘴、圆锥形管嘴和测压管、测量标尺等各部件；直角进口圆柱形管嘴上设有量测局部真空的装置；设有防溅旋板，用来进行管嘴的转化操作，当某一管嘴实验结束时，将旋转板旋至进口截断水流，再用橡皮塞封口；当需要开启时，用旋板挡水，再打开橡皮塞，可以防止水溅出。在薄壁孔口出流收缩断面设置了可水平方向伸缩的移动触头，当左右两个触头调节至射流流股外缘时，用螺丝固定，用游标卡尺测量两触头的间距，即为射流收缩断面直径。

1.10.4　实验步骤

（1）熟悉实验装置及原理，记录有关常数。

（2）将各孔口、管嘴用橡皮塞塞紧，打开调速器开关 3，给恒压水箱充满水并保持溢流状态，排除测压管 12 中的气柱，此时测压管中液面应与水箱液面高程相同。

（3）打开 1# 流线型管嘴，待水面稳定后，观察记录出流流股的形态，测记水箱水面高程 H，用体积法测定流量 Q，要求重复 3 次，时间尽量长些，以求准确。

（4）旋动防溅板旋钮 8，将 1# 管嘴进口盖好，再塞紧橡皮塞。

（5）打开 2# 直角进口管嘴，待水面稳定后，观察记录出流流股的形态，测记水面高程 H 和流量 Q，此时可以观测到测压管 12 中水柱迅速降低，通过测压管和标尺测其真空度 h_v，说明直角进口管嘴在进口处产生较大的真空。

（6）旋动防溅板旋钮 8，将 2# 直角管嘴进口盖好，再塞紧橡皮塞，打开 3# 圆锥形收缩管嘴，待水面稳定后，观察记录出流流股的形态，测记水面高程 H 和流量 Q。

（7）旋动防溅板旋钮 8，将 3# 直嘴进口盖好，再塞紧橡皮塞，打开 4# 薄壁孔口，待水面稳定后，观察孔口出流现象、射流流股的形态，测记水面高程 H 和流量 Q。

（8）微动流股两侧的移动触头,在触头尖缘刚刚接触流股表面时固定住,将防溅板盖住后用游标卡尺量测两触头间距,即收缩断面的直径(重复测量 3 次)。

（9）实验结束后,关闭水泵开关,拔下电源插头,将实验配套工具归放原位,放空水箱,擦干实验台和附近地面上的水迹。

实验注意事项:

（1）实验时恒压水箱必须溢流,测量过程中一定要保证水头恒定。

（2）实验次序应先管嘴后孔口,每次塞橡皮塞前,先用旋板将进口盖好,以免水花溅开,旋板的旋转方向应由内向外,否则水易溅出。

（3）实验时将旋板置于不工作的孔口或管嘴上,尽量减少旋板对工作孔口、管嘴的干扰。

（4）注意观察各种出流的流股形态,并做好记录。

1.10.5　数据记录与处理

（1）记录常数:1♯管嘴直径 $d_1=$ _____,2♯管嘴直径 $d_2=$ _____,3♯管嘴直径 $d_3=$ _____,4♯孔口直径 $d_4=$ _____。

实验数据记录见表 1.10-1。

表 1.10-1　实验数据记录

孔口(管嘴)类型	测次	H/cm	体积 V/mL	时间 T/s
1♯管嘴	1			
	2			
	3			
2♯管嘴	4			
	5			
	6			
3♯管嘴	7			
	8			
	9			
4♯孔口	10			
	11			
	12			

（2）实验数据处理见表 1.10-2。

表 1.10-2　管嘴（孔口）出流实验数据计算

孔口（管嘴）类型	测次	$Q_\text{实}/(\text{cm}^3 \cdot \text{s}^{-1})$	$Q_\text{理论}/(\text{cm}^3 \cdot \text{s}^{-1})$	流量系数 $\mu_\text{孔}(\mu_\text{嘴})$
1♯管嘴	1			
	2			
	3			
2♯管嘴	4			
	5			
	6			
3♯管嘴	7			
	8			
	9			
4♯孔口	10			
	11			
	12			

1.10.6　思考题

（1）结合实验中观测到的不同类型管嘴与孔口出流的流股特征，分析流量系数不同的原因及增大过流能力的途径。

（2）管嘴出流为什么要取管嘴长度 $L = (3 \sim 4)d$？如果将管嘴缩短或加长会带来什么结果？

（3）对水来说，防止接近气化压力并允许真空度 $h_\text{真空} = 7.0 \text{ m}$，要保证不破坏管嘴正常出流，最大限制水头应为多少？

1.11 雷诺实验

1.11.1 实验目的

（1）观察液体流动时的层流和紊流现象,熟悉两种流态的特征,分析两种流态产生的条件和转化的规律。

（2）掌握测定有压管流雷诺数的方法,验证雷诺数与有压管流流态之间的关系。

1.11.2 实验原理

雷诺实验起源于人们对圆管中层流和紊流这两种流态的发现,其对应的工程问题为圆管水头损失的变化规律。在 19 世纪初,科研工作者就发现有压圆管流动的沿程水头损失与管中水流的断面平均流速有关,这一关系可以定性地表述为当流速较小时,水头损失与流速的 1 次方成正比;当流速较大时,水头损失与流速的 2 次方或近似 2 次方成正比。在同一时期,也有学者在实验中观测到了流动由层流转变为紊流(湍流)的现象。直到 19 世纪末,英国物理学家雷诺才通过实验研究,系统地揭示了水头损失变化规律与圆管流态的关系,并提出了判别层流和紊流的无量纲数,这一无量纲数后来被命名为雷诺数。

1. 圆管水流的水头损失

实际的液体由于具有黏性,在流动时存在能量损失,也被叫作水头损失。为了便于分析和计算,根据边界的形状和尺寸是否沿程变化及主流是否脱离固体边壁或形成旋涡,把水头损失分为沿程水头损失和局部水头损失。雷诺实验主要针对沿程水头损失进行研究。根据实验结果,圆管的沿程水头损失在层流时与断面平均流速的 1 次方成正比,在紊流时与断面平均流速的 2 次方或近似 2 次方成正比。需要指出的是,以下所述的实验流程采用简化的雷诺实验装置,未设置测量沿程水头损失的测压管,故本实验中不能体现沿程水头损失与断面平均流速间的规律。

2. 层流和紊流

目前学术界还没有对于层流和紊流的准确定义,一般都是通过流动特点对这两种流态进行描述。层流的流体质点按规则的轨迹,以相互之间不混掺的方式流动;而紊流的流体质点虽都朝着主流方向运动,但相互掺混,运动轨迹杂乱无章。这些特点还可以被进一步细化为:

（1）随机性:紊流中流体质点的运动没有规则的轨迹,其运动的方向和速度大小都呈现随机性的变化。

（2）非恒定性和三维性:紊流的各个流速分量均有脉动,表明紊流在本质上是非恒定的三维流动。

（3）扩散性:紊流中不同流层之间存在强烈的流体质点掺混,使得紊流具有很强的扩散和混合能力。

（4）耗能性:因为紊流中大量涡体与周围流体之间的黏性力作用,紊流比层流消耗更多的机械能。

需要注意的是,层流和紊流与均匀流和非均匀流以及恒定流和非恒定流没有必然联系,切不可认为均匀流就是层流而非均匀流就是紊流,或层流就是恒定流。另外,紊流的流动要素具有随时间变化的非恒定性,本质上属于非恒定流。在实际研究中,我们大都应用统计的方法来描述紊流,用运动要素的时间平均值来对流动的恒定性进行描述,若运动要素的时间平均值不随时间变化,则认为此流动为恒定流,反之则为非恒定流。因此,基于时间平均的定义,紊流也可以是恒定流和均匀流。

3. 雷诺数

雷诺根据其实验结果提出液流流态可用如式(1.11-1)所示无量纲数来判断:

$$Re = \frac{vd}{\mu} \tag{1.11-1}$$

式中:Re——雷诺数;

v——断面平均流速;

d——管道直径;

μ——流体的运动黏度。

雷诺数是一个无量纲数,其物理意义为流体的惯性力与黏滞力的比值。若雷诺数较小,黏滞力对流体的影响相对较大,而黏滞力产生的根源是抵抗流体质点发生相对运动的黏滞性,固液体质点的相对运动受到抑制,只能朝主流方向流动,流动表现为层流;反之,惯性力相对占优,流体质点发生相对运动的趋势增强,表现为紊流。

大量实验资料证实,圆管有压流动的下临界雷诺数(约为 2300)是一个相当稳定的数值,不随管径大小和流体种类而变,也几乎不受外界扰动影响。而上临界雷诺数是一个不稳定数值,根据入流稳定程度及受到的外界扰动影响程度,从几千到几万都有可能。由于在上、下临界雷诺数之间的流态不稳定,任何微小的扰动都会使层流变成紊流,而在实际工程中扰动总是存在的,所以在实际应用上可以把上、下临界雷诺数之间的流动看作紊流。这样,就可用比较下临界雷诺数与液体流动的实际雷诺数的方式来判别流态。

雷诺实验虽然是在圆管中进行的,所用液体是水,但在其他形状的边界(如明渠流动)和其他流体(如空气、石油)的实验中都可发现有两种流动形态。雷诺实验的意义在于它揭示了流体流动存在两种性质不同的形态——层流和紊流。层流与紊流不仅是流体质点的运动轨迹不同,其内部结构也完全不同,因而反映的水头损失的规律也不一样。所以,计算水头损失前应先判别流态。

1.11.3　实验仪器

图 1.11-1 所示是简化的雷诺实验装置。它由能保持恒定水位的水箱、有色液体注入装置、实验管道及控制阀门等部分组成。实验时,只要微微开启出水阀,并打开有色液体盒连接管上的阀门,有色液体即可流入圆管中并随水流流动以显示圆管水流的流动状态。

1.11.4　实验步骤

(1)开启供水器开关向水箱充水并使水箱中的溢流板保持微溢流状态。

(2)微微开启流量调节阀及有色液体注入管上的阀门,使有色液体流入管中。

(3)调节流量调节阀,使管中的有色液体呈一条边界分明的细直线,此时管中的水

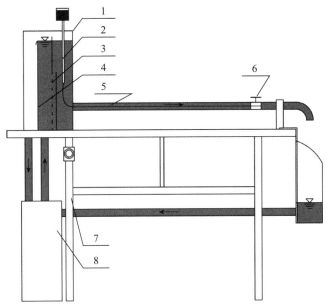

1. 恒压水箱；2. 有色液体注入管；3. 稳水孔板；4. 溢流板；
5. 实验管道；6. 流量调节阀；7. 实验台；8. 自循环供水器。

图 1.11-1　自循环水流流态演示实验装置

流流态即为层流。观察这条细直线的形态并记录,同时用体积法测定管中过流量并计算雷诺数。

（4）慢慢开大流量调节阀,观察有色液体的变化。当流量调节阀的开度大到一定程度时,有色液体将由直线变成不稳定的波浪线。观察这条波浪线的形态并记录,同时用体积法测定管中过流量并计算雷诺数。

（5）继续慢慢开大流量调节阀,直至有色液体的波浪线在管道入口附近突然破碎并扩散到整个管内。观察此时有色液体的运动形态并记录,同时用体积法测定管中过流量并计算雷诺数。

（6）逐渐关小流量调节阀,使管中的有色液体再次呈一条不稳定的波浪线。观察此时有色液体的运动形态并记录,同时用体积法测定管中过流量并计算雷诺数。

（7）再继续逐渐关小流量调节阀,使管中的有色液体再次呈一条边界明确的直线。观察此时有色液体的运动形态并记录,同时用体积法测定管中过流量并计算雷诺数。

实验注意事项:
（1）自循环供水器需通电运行,在开关电源时需注意用电安全。
（2）进水流量不宜过大,应尽量使水箱内的水位保持平稳,以减少管中入流的扰动。
（3）流量调节阀应缓慢调节,特别是在调节层流流态时更应注意调节的力度。
（4）需注意有色液体注入水管的速度,若注入速度过大,则可能影响层流流态。

1.11.5　数据记录与处理

记录常数:管径 $d =$ ＿＿＿＿＿＿＿ cm,断面面积 $A =$ ＿＿＿＿＿＿＿ cm²,水温 $t =$ ＿＿＿＿＿＿＿ ℃,运动黏滞系数 $\nu =$ ＿＿＿＿＿＿＿ cm²/s。

实验记录见表 1.11-1。

表 1.11-1　雷诺实验记录

测点	测次	体积 V/mL	时间 T/s	平均流量 $Q/(\mathrm{m^3 \cdot s^{-1}})$	断面平均流速 $v/(\mathrm{m \cdot s^{-1}})$	雷诺数 Re	流态素描或照片	流动特征记录及流态判断
1	1							
	2							
	3							
2	1							
	2							
	3							
3	1							
	2							
	3							
4	1							
	2							
	3							
5	1							
	2							
	3							

1.11.6　思考题

（1）雷诺数的物理意义是什么？为什么雷诺数可以用来判别流态？

（2）上、下临界雷诺数的概念是什么？为什么一般用下临界雷诺数而非上临界雷诺数来判断流态？

（3）分析层流和紊流在运动学特性和动力学特性方面各有何差异。

1.12　明渠恒定流水面线实验

1.12.1　实验目的

（1）掌握实验室中测量水槽流量和水位的方法。

（2）掌握不同底坡矩形水槽中非均匀渐变流的几种主要水面曲线及其衔接形式。

（3）加深对明渠流态转换时局部水力现象的理解。

1.12.2　实验原理

1. 明渠均匀流的概念

明渠均匀流是指水流流线是一簇平行直线，水流质点做匀速直线运动的明渠流动。

2. 明渠均匀流的特性

明渠均匀流过水断面的流速分布、断面平均流速、流量、水深以及过水断面的形状尺寸、沿程不变；水面线和底坡线平行，总水头线与水面线平行。

3. 明渠均匀流产生的条件

明渠均匀流产生的条件包括：水流为恒定流，流量沿程不变，并且无支流的汇入或分出；明渠为长直的棱柱形渠道，糙率沿程不变，并且渠道中无水工建筑物的局部干扰；底坡为正坡。

4. 正常水深

明渠中发生均匀流时的水深称为正常水深，以 h_0 表示。一般地，与明渠均匀流相对应的水力要素，如过水断面面积 A、水力半径 R 和谢才系数 C 等，均需添加下标"0"，记为 A_0、R_0 和 C_0。根据明渠均匀流的谢才公式，正常水深 h_0 与明渠的流量、断面形状、尺寸、糙率和底坡均有关系。

5. 明渠非均匀流的概念

明渠非均匀流是指通过明渠的流速和水深沿程变化的流动。其特点是流线不再是相互平行的直线，同一条流线上的流速大小和方向不同，总水头线、水面线（测压管水头线）和底坡线三者不平行。

在明渠非均匀流中，流线是接近于相互平行的直线，或流线间的夹角很小、流线的曲率半径很大的水流称为明渠非均匀渐变流，反之为明渠非均匀急变流。

6. 明渠非均匀流的流态及判别

明渠由于自由表面不受约束，在渠道局部扰动下会产生水面的上升或下降。这类扰动会以波的形式（干扰微波）向四周传播，进而形成了明渠水流有别于有压管流的流态：缓流、临界流和急流。

判断明渠流态有四种方法，分别是波速判别法、弗劳德数判别法、断面能量判别法和临界水深判别法。

（1）波速判别法

可以通过比较水流的断面平均流速 v 和干扰微波相对传播速度 c 的大小来判断干扰微波是否会向上、下游传播，即可判断水流是属于哪一种流态：

当 $v < c$ 时，干扰微波能向上游传播，水流为缓流；

当 $v=c$ 时,干扰微波恰巧不能向上游传播,水流为临界流;

当 $v>c$ 时,干扰微波不能向上游传播,水流为急流。

（2）弗劳德数判别法

可以用弗劳德数（Fr）来判别明渠水流的流态。弗劳德数的力学意义是水流惯性力与重力之比:

当 $Fr=1$ 时,说明惯性力作用与重力作用相当,水流为临界流;

当 $Fr>1$ 时,说明惯性力作用大于重力作用,惯性力对水流起主导作用,水流为急流;

当 $Fr<1$ 时,说明惯性力作用小于重力作用,重力对水流起主导作用,水流为缓流。

（3）断面单位能量和水深判别法

断面单位能量也称为断面比能（E_s）,表示以断面最低点为基准面时的单位机械能,以 E_s 表示。在流量一定时,断面单位能量 E_s 与水深 h 有如图 1.12-1 所示关系,其中 h_c 为临界水深,其定义为断面单位能量 E_s 最小值时所对应的水深。

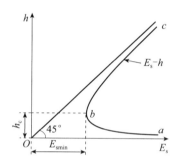

图 1.12-1　明渠断面单位能量与水深的关系

断面单位能量,水深和弗劳德数有如下关系:

对于 E_s 曲线上支 bc,水深的变化范围是 $h_c<h<\infty$,曲线斜率>0,因此 $1-Fr^2>0$,即 $Fr<1$,水流流态为缓流,即 $h>h_c$ 时的流态为缓流;

对于 E_s 曲线下支 ac,水深的变化范围是 $h_c>h>0$,曲线斜率<0,因此 $1-Fr^2<0$,即 $Fr>1$,水流流态为急流,即 $h<h_c$ 时的流态为急流;

对于 E_s-h 曲线上的 b 点,水深 $h=h_c$,$dE_s/dh=0$,因此 $1-Fr^2=0$,即 $Fr=1$,水流流态为临界流,即 $h=h_c$ 时的流态为临界流。

在一定渠道断面和一定的流量（或断面单位能量）的情况下,E_s-h 曲线是唯一的,所以对应的临界水深也是唯一的,即临界水深 h_c 随流量和渠道断面形状和尺寸而变。

7. 临界底坡

当流量一定时,在断面形状、尺寸、糙率沿程不变的棱柱体明渠中,水流做均匀流时也同时发生临界流,即正常水深恰好等于临界水深,此时的渠道底坡称为临界底坡,用 i_c 表示。

注意:临界底坡只是一个指标,是通过假设明渠在当前流量、断面形状、尺寸和糙率不变的情况下同时发生均匀流和临界流反算得出的,与明渠的实际底坡无关。

8. 水面曲线

可将明渠底坡分为五种类型。首先,根据底坡的性质分为 3 种:顺坡（$i>0$）、平坡（$i=0$）和负坡（$i<0$）。顺坡明渠根据其底坡 i 与临界底坡 i_c 的关系又可以分为缓坡 $i<i_c$、临界坡

$i=i_c$ 和陡坡 $i>i_c$ 这 3 种情况。

　　水面曲线分 3 个区:1 区指水面线在正常水深 N-N 线和临界水深 C-C 线两线之上;2 区指水面线在正常水深 N-N 线和临界水深 C-C 线两线之间;3 区指水面线在正常水深 N-N 线和临界水深 C-C 线两线之下。

　　不同的底坡采用不同符号表示,缓坡上用 M,陡坡上用 S,临界坡上用 C,平坡上用 H,负坡上用 A 表示。因为每一个流动区域仅可能出现一种类型的水面曲线,所以在 5 种底坡上产生的水面曲线有 12 种型号,分别为缓坡上的 M_1 型、M_2 型、M_3 型水面曲线,陡坡上的 S_1 型、S_2 型、S_3 型水面曲线,临界坡上的 C_1 型和 C_3 型水面曲线,平坡上的 H_2 型和 H_3 型水面曲线以及负坡上的 A_2 型和 A_3 型水面曲线,各种类型的底坡、水面曲线的分区以及各区水面曲线的变化特点总结见表 1.12-1。

表 1.12-1　各类水面曲线分区汇总

底坡		特点	水深	水面线类型	图例
正坡 P ($i>0$)	缓坡 M ($i<i_c$)	N-N 线在 C-C 线以上	$h>h_0$	M_1 型壅水曲线	
			$h_0>h>h_c$	M_2 型降水曲线	
			$h<h_c$	M_3 型壅水曲线	
	陡坡 S ($i>i_c$)	N-N 线在 C-C 线以下	$h>h_c$	S_1 型壅水曲线	
			$h_c>h>h_0$	S_2 型降水曲线	
			$h<h_0$	S_3 型壅水曲线	
	临界坡 C ($i=i_c$)	N-N 线与 C-C 线重合,没有 2 区	$h>h_c$	C_1 型壅水曲线	
			$h<h_c$	C_3 型壅水曲线	
平坡 H($i=0$)		N-N 线在无限高处,没有 1 区	$h>h_c$	H_2 型降水曲线	
			$h<h_c$	H_3 型壅水曲线	
负坡 A($i<0$)		N-N 线在无限高处,没有 1 区	$h>h_c$	A_2 型降水曲线	
			$h<h_c$	A_3 型壅水曲线	

9. 水跃

　　当明渠中的水流由急流过渡到缓流时,会产生一种水面突然跃起并形成一个剧烈旋滚运动的局部水力现象,将这种在较短渠道内水深从小于临界水深急剧地跃升到大于临界水深的局部水力现象称为水跃。

10. 水跌

处于缓流状态的明渠水流,因渠底突然变为陡坡或下游渠道断面形状突然扩大,引起水面降落,水流以临界流动状态通过这个突变的断面,转变为急流。这种从缓流向急流过渡的局部水力现象称为水跌。

1.12.3 实验仪器

图 1.12-2 为实验所用装置——双变坡水槽的简图。此装置主要由两段可以调节底坡的有机玻璃水槽、循环水系统、模型堰及闸门和水位量测装置组成,当在槽中放置各种模拟的水工建筑物并改变底坡时,就可以产生各种水面曲线。

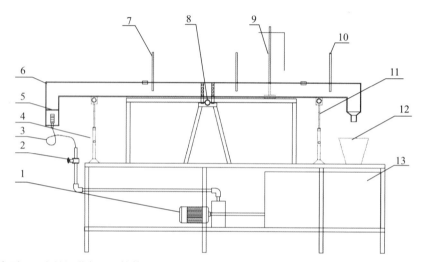

1. 水泵;2. 流量调节阀;3. 软管;4. 变坡调节装置;5. 稳水栅;6. 水槽;7. 水位调节插板阀;
8. 变坡转动轴;9. 高度尺;10. 水位调节尾门;11. 变坡调节装置;12. 量水桶;13. 储水箱。

图 1.12-2 实验装置

1. 流量测量

该装置附带实用堰、三角形薄壁堰和宽顶堰,可由堰流公式计算流量。也可用量水桶和秒表,通过体积法计算。若采用三角形薄壁堰,可采用如下公式计算流量。

$$Q = 0.0154 H^{2.47} \tag{1.12-1}$$

式中:H——堰上水头。

2. 临界水深计算

临界水 h_c 的计算公式为

$$h_c = \sqrt[3]{\frac{q^2}{g}} \tag{1.12-2}$$

式中:q——水槽的单宽流量;

b——水槽宽度;

g——重力加速度。

3. 临界底坡计算

临界底坡的计算可由均匀流方程和临界水深关系式联立解得:

$$i_c = \frac{g}{C_c^2} \frac{\chi_c}{b} \tag{1.12-3}$$

式中:χ_c——相应于临界水深 h_c 的湿周;

C_c——相应于临界水深 h_c 的谢才系数。

4. 坡度测量

整个水槽由变坡转动轴分为前后两段。测定前段水槽的坡度时,可先选取一段长为 L_1 的测量段,测量此段上游和下游断面量测点(统一选槽壁最高或最低点)距离固定水平面(可选水槽旁的水平金属槽底)的高度 Δ_{11} 和 Δ_{12},则前段的坡度由下式计算。

$$i_1 = \frac{\Delta_{11} - \Delta_{12}}{L_1} \tag{1.12-4}$$

第二段水槽坡度 i_2 的量测方法同前,不再重复。

5. 水面曲线测量

水面测量采用高度尺进行。将高度尺的基座置于水槽旁的水平金属槽中,上下滑动高度尺的探针,分别记录探针接触水面和槽底时的刻度,两者相减即为水深。测完一个位置的数据后将探针收起,将高度尺在水平金属槽中移动合适距离后再进行下一次测量。

1.12.4 实验步骤

1. 实验一 明渠水面线演示

(1) 在水槽上游段的适当位置放入一个曲线形实用堰(或其他堰型)模型。

(2) 开启水泵,打开进水阀,调节至合适流量,测量流量并根据流量算出临界水深 h_c 及临界底坡 i_c。

(3) 将整个底坡调成负坡,即 $i < 0$,观察 A_2 和 A_3 型水面曲线。

(4) 将整个底坡调成平坡,即 $i = 0$,观察 H_2 和 H_3 型水面曲线。

(5) 将整个底坡调成缓坡,即 $i < i_c$,观察 M_1、M_2 和 M_3 型水面曲线。

(6) 将整个底坡调成临界坡,即 $i = i_c$,观察 C_1 和 C_3 型水面曲线。

(7) 将整个底坡调成陡坡,即 $i > i_c$,观察 S_1、S_2 和 S_3 型水面曲线。

2. 实验二 水跃实验

(1) 测记实验有关常数。

(2) 开启水泵,打开进水阀,调节至合适流量。

(3) 将水槽底坡调至 $i_1 = i_2 = 0$。

(4) 待水流稳定后测量流量并计算临界水深 h_c 和临界底坡 i_c。

(5) 将前段水槽调至 $i_1 < i_c$,后段水槽调至 $i_2 < 0$,然后在前段水槽中部插入一曲线形实用堰以在堰和后段水槽出水口之间形成水跃。

(6) 调整后段水槽坡度 i_2 和前段水槽中堰的位置,使水跃稳定在合适的位置。

(7) 记录并计算此时的底坡数据,测量水跃前后的水面曲线并将其绘制于坐标纸上。

3. 实验三 水跃实验

(1) 测记实验有关常数。

（2）开启水泵，打开进水阀，调节至合适流量。

（3）将水槽底坡调至 $i_1=i_2=0$。

（4）待水流稳定后测量流量并计算临界水深 h_c 和临界底坡 i_c。

（5）将前段水槽调至 $i_1<0$，后段水槽调至 $i_2>i_c$，以在水槽衔接处形成稳定的水跃。

（6）记录并计算此时的底坡数据，测量水跃前后的水面曲线并将其绘制于坐标纸上。

4. 实验注意事项

（1）调节水槽坡度时不能过量，否则容易挤坏水槽。

（2）水槽及闸门均用有机玻璃制作，在调节闸门开度时，不宜用力过大，以免损伤设备。

（3）水泵需通电运行，在开关水泵时需注意用电安全。

1.12.5 数据记录与处理

（1）记录常数：前段水槽测量段长 $L_1=$ _____，后段水槽测量段长 $L_2=$ _____，水槽宽 $b=$ _____。

流量测量记录见表 1.12-2。

表 1.12-2　流量测量记录

实验组别	组号	体积法			溢流堰法	
		体积 V/mL	时间 T/s	流量 $Q/(\mathrm{m^3 \cdot s^{-1}})$	堰上水头 H/cm	流量 $Q/(\mathrm{m^3 \cdot s^{-1}})$
实验二	1					
	2					
	3					
	均值					
实验三	1					
	2					
	3					
	均值					

（2）计算临界水深和临界底坡，临界水深和临界底坡记录见表 1.12-3。

表 1.12-3　临界水深和临界底坡记录

指标	实验二	实验三
临界水深		
临界底坡		

（3）测量并记录水面线，将水面线数据记录于表 1.12-4 中，可按实际测点数增加表格行数。

表 1.12-4　水面线数据记录

	测点	位置/cm	渠底高程/cm			水位/cm			水深/cm
			第一组	第二组	均值	第一组	第二组	均值	
实验二 $\Delta_{11}=$_____ $\Delta_{12}=$_____ $i_1=$_____ $\Delta_{21}=$_____ $\Delta_{22}=$_____ $i_2=$_____	1								
	2								
	3								
	4								
	5								
	6								
	7								
	8								
	9								
	10								
实验三 $\Delta_{11}=$_____ $\Delta_{12}=$_____ $i_1=$_____ $\Delta_{21}=$_____ $\Delta_{22}=$_____ $i_2=$_____	1								
	2								
	3								
	4								
	5								
	6								
	7								
	8								
	9								
	10								

5. 在坐标纸上绘制水面曲线

需给出测量得到的底坡和水面曲线以及计算所得临界水深线;在标示底坡时需给出底坡与 0 和临界底坡的关系;需给所绘制水面曲线标上名称,如 M_3 或 A_3 等;应注意选择合适的横纵坐标比例尺,以避免绘制出的图形比例失衡。

1.12.6　思考题

(1) 在水跃试验中,改变第二段水槽的坡度时水跃的位置是否会改变,为什么?

(2) 不同类型水面曲线之间的共同规律有哪些?

(3) 不同类型的水面曲线之间如何过渡?

1.13　三角堰测流量实验

1.13.1　实验目的

(1) 掌握在水槽中用三角形薄壁堰测流量的方法。

(2) 验证三角形薄壁堰的流量公式。

1.13.2　实验原理

水力学中把既能壅高明渠水流水位又能从顶部溢流的泄水建筑物称为堰,通过堰的水流称为堰流。堰流的特点是水流的下方受到堰体型的控制,而水流的上方仅受重力作用,从而在堰上形成连续的自由降落水面。这类水面的曲率往往较大,属于明渠急变流,其出流过程的能量损失主要是局部水头损失。

堰流的过流能力与堰的体形有很大的关系。工程中,按堰顶厚度和水头的相对大小将堰分为宽顶堰、实用堰和薄壁堰。其中薄壁堰,特别是锐缘薄壁堰由于过堰水流与堰接触的面积很小,堰面对水流的影响比较稳定,相对于实用堰和宽顶堰而言,具有测流精度较高的优点。不过由于薄壁堰的堰壁较薄,难以承受过大的水压力,只能用于实验室和小型渠道测流。

薄壁堰的堰口形状有矩形、三角形、梯形等。常用的为矩形薄壁堰和三角形薄壁堰。三角形薄壁堰(三角堰)的过堰水面宽度随水头而变,并且在小水头时水面宽度小,流量的微小变化可引起相对较大的水头变化,从而提高流量量测的精度。因此,三角堰是量测较小流量最理想的堰型。根据需要,三角堰的堰口夹角可取不同值,但常用的夹角为 90°。本实验即选用堰口夹角为 90°的三角堰。

1.13.3　实验仪器

本实验采用 1.12 明渠恒定流水面曲线所用水槽,具体实验仪器介绍可参阅 1.12.3,这里不再赘述。

1.13.4　实验步骤

(1) 开启水泵,打开进水阀,调节至合适流量。

(2) 用量筒和秒表,采用体积法测量和计算流量。

(3) 在水槽中放入三角堰,待水流稳定后测量堰上水头,共测量 3 次取平均值,通过所给流量公式计算流量。

(4) 计算体积法和溢流堰法的误差。

实验注意事项:

(1) 水泵需通电运行,在开关水泵时需注意用电安全。

(2) 三角堰是一种精确测流的方法,为保证测流的精度,不允许在淹没出流的情况下实施流量的量测。

1.13.5　数据记录与处理

三角堰测流量需记录和计算的数据见表 1.13-1。

表 1.13-1　三角堰测流量数据记录

组号	测点	体积法				溢流堰法			相对误差/%
		体积 V/mL	时间 T/s	流量 Q/(m³·s⁻¹)	平均值	堰上水头 H/cm	平均值	流量 Q/(m³·s⁻¹)	
1	1								
	2								
	3								
2	1								
	2								
	3								
3	1								
	2								
	3								
4	1								
	2								
	3								
5	1								
	2								
	3								

1.13.6　思考题

(1) 薄壁堰、实用堰和宽顶堰最本质的区别是什么？

(2) 堰流自由出流和淹没出流有什么不同？它们的过流能力是否相同？

(3) 三角形薄壁堰和矩形薄壁堰哪种更适合测量较小的流量，为什么？

1.14　离心泵性能实验

1.14.1　实验目的

（1）理解离心泵的工作原理和基本性能参数及性能曲线。

（2）掌握离心泵基本性能参数的测试及基本性能曲线的绘制方法。

（3）了解离心泵抽水装置的抽真空启动过程和运行操作方法。

1.14.2　实验原理

1. 离心泵工作原理

观察一盛有液体的容器,在静止状态时,液面为一水平面,若驱动该容器以某一角速度 ω 旋转,则液面为一旋转抛物面。倘若旋转角速度增大,则旋转抛物面中心和周围的液位差越大,旋转角速度增大到一定时,周围的液体就会从容器中甩出。

如果将容器封闭,在近壁处接一根小管子,则液体会从小管子向外界流出,容器内液体流出后,容器内产生真空,若通过容器底部中心处引一根管子接入大气作用的水池,那么在大气压力作用下水就会源源不断地被吸入容器内。

以上就是离心泵的工作原理。泵的外壳是静止不动的,而外壳内的叶轮在动力机的带动下做高速旋转,流体在高速旋转的叶轮内,借叶片的作用获得能量,被甩出叶轮,叶轮内形成真空。同时,外界的流体沿着叶轮中心进入叶轮。

2. 泵实际扬程的计算

在工程实际中,经常在选择泵时需要确定所需的扬程,或者计算运转中的泵所提供的扬程。

流体流动所需的能量:泵欲将容器Ⅰ中的液体输送到容器Ⅱ中,容器Ⅰ中的液面压力为 p_1,容器Ⅱ中的液面压力为 p_2。此时流体流动时所需的能量有:

（1）提高单位重力作用下液体的位能 H_{ss}。

（2）提高单位重力作用下液体的压力能 $\dfrac{p_2 - p_1}{\rho g}$。

（3）克服液体流动时的阻力损失 $h_w = \sum h_f + \sum h_j$,其中 h_f 为沿程水头损失,h_j 为局部水头损失。

于是,液体由容器Ⅰ流向容器Ⅱ时,单位重力作用下的液体所需的能量为

$$H_{ss} + \frac{p_2 - p_1}{\rho g} + h_w \qquad (1.14\text{-}1)$$

要保证液体在管路中流动,那么这些能量由泵供给,故选择泵时所需要的扬程,至少为

$$H = H_{ss} + \frac{p_2 - p_1}{\rho g} + h_w \qquad (1.14\text{-}2)$$

3. 运转中泵所提供的扬程

为了计算运转中泵所提供的扬程,需要在泵进口和出口处装设测压点。如图 1.14-1（图中箭头表示水流方向）所示,泵运转时,单位重力作用下的液体在泵进口截面处的能量 E_1 为

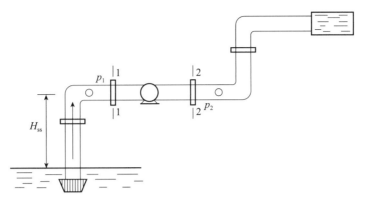

图 1.14-1 水泵装置扬程计算示意

$$E_1 = H_{ss} + \frac{p_1}{\rho g} + \frac{v_1^2}{2g} \qquad (1.14\text{-}3)$$

单位重力作用下的液体在泵出口处截面的能量 E_2 为

$$E_2 = H_{ss} + \frac{p_2}{\rho g} + \frac{v_2^2}{2g} \qquad (1.14\text{-}4)$$

式中：p_1、p_2——泵进口处、出口处液体的绝对压强，Pa；

v_1、v_2——泵进口处、出口处液体的平均流速，m/s；

H_{ss}——泵的几何安装高度，即吸上高度，m。

泵在运转时，供给液体的能量为

$$H = E_2 - E_1 = \frac{p_2 - p_1}{\rho g} + \frac{v_2^2 - v_1^2}{2g} \qquad (1.14\text{-}5)$$

需注意的是，上式均是在测压点恰与泵的中心线等高的情况下得到的。如果它们的测压点安装位置与泵的中心线不等高时，则都应该将它们的测压点读数按照液体静压公式换算到泵中心线位置高度的值。

4. 性能参数

泵的主要性能参数有流量、扬程、功率、转速、效率和允许吸上真空高度或气蚀余量。

（1）流量

单位时间内泵在出口截面所输送的流体体积称流量。流量用符号 Q 表示，单位为 $m^3 \cdot s^{-1}$、$m^3 \cdot min^{-1}$、$m^3 \cdot h^{-1}$。

（2）扬程

单位重量的液体在泵内所获得的能量，即泵出口与进口截面能量差，称为扬程。扬程用符号 H 表示，其单位为 m。

（3）功率

泵的功率是指动力机传递给泵轴上的功率，即它的输入功率，又称轴功率，以 P 表示，单位为 kW。

有效功率是泵的输出功率，以 P_e 表示，单位为 kW。用下式计算：

$$P_e = \frac{\gamma Q H}{1000} \qquad (1.14\text{-}6)$$

式中：γ——泵输送液体的重度，$N \cdot m^{-3}$。

（4）转速

泵轴每分钟的转数，称为转速，以 n 表示，单位为 $\text{r} \cdot \text{min}^{-1}$。

泵的流量、扬程与转速有关。泵的转速越高，则它所输送的流量和扬程越大。

锅炉给水泵与转速高低的关系尤为密切。转速增高可使叶轮级数减少，泵轴长度减短，这样长而细的轴就可以变为短而粗的轴。短而粗的泵轴增加了泵运转时的抗干扰性，同时，泵轴缩短还可以降低泵轴的静挠度。

此外，泵转速的增加还可以使叶轮的直径相对减小，泵体直径因此减小，泵壳厚度亦可减薄，这样不但泵壳紧固处的应力能改善，而且还能改善热冲击性。

叶轮直径减小与叶轮级数减少，能使泵的质量和体积大大减小。

（5）效率

泵的输入功率不可能全部转给被输送的流体，其中必有一部分能量损失。被输送的流体实际所得到的功率比动力机传至泵轴端的功率要小，它们的比值称为泵的效率，以符号 η 表示。泵的效率越高，则流体从泵中得到的能量有效部分就越大，经济性就越高。

$$\eta = \frac{P_e}{P} \times 100\%$$ (1.14-7)

（6）允许吸上真空高度 H_s 或气蚀余量 $[\text{NPSH}]_r$

为了保证不发生气蚀，在水泵进口处允许的最大真空值（单位：m）用 H_s 表示；或在进口处，水所具有的超过相应温度下的饱和气化压力的能量头（单位：m），又称必需气蚀余量，记为 $[\text{NPSH}]_r$。

泵的工作是以输送流量 Q、产生扬程 H、所需轴功率 P 和效率 η 等来体现的，这些工作参数之间也存在着相应的关系。当流量和转速变化时，其他的参数也会发生变化。

5. 泵的性能曲线

为了正确选择、使用泵，必须了解泵这些参数之间的关系。将泵的主要参数间的相互关系用曲线来表达，即成为泵的性能曲线。性能曲线是在一定的进口条件和转速时，泵供给的扬程、所需的轴功率、具有的效率与流量之间的关系曲线。

泵的性能曲线至今也不能用理论方法精确地绘制，这是因为泵内的损失还难以精确计算，所以通常采用实验方法来绘制性能曲线。

测试并绘制实验泵的扬程、功率、效率与流量之间的三条关系曲线。

（1）H-Q 曲线

在水泵的进水管和出水管的合适位置，建立能量方程。

利用阀门调节流量，测定 H、Q 的数值。Q 用计量水箱和秒表测定，H 值可由下式计算：

$$H = H_d + H_v + \Delta z + \frac{v_2^2 - v_1^2}{2g}$$ (1.14-8)

式中：H_d——压力表读数，MPa，换算成水柱高，m（1 MPa 相当于 100 m 水柱的压强）；

H_v——真空表读数，MPa，换算成水柱高，m；

Δz——压力表至真空表接出点之间的高度差，m。

逐次改变阀门的开度，测得不同的 Q 值和其相应的水头 H 值，在 Q-H 坐标系中得到相应的若干测点，将这些点光滑地连接起来，即得水泵的 H-Q 曲线。

（2）P-Q 曲线

测定泵在不同流量 Q 时的泵轴功率 P（电机的输出功率），绘制 P-Q 曲线。泵的轴功率

$$P = M\omega = M\frac{2\pi n}{60}$$ (1.14-9)

式中:M——相应工况下的感应扭矩,N·m;

ω——相应工况下的电机(泵)旋转角速度,rad/s;

n——相应工况下的电机(泵)旋转速度,r·min^{-1}。

逐次改变阀门的开度,测得不同的 Q 值和其相应泵轴功率 P 值,在 Q-P 坐标系中得到相应的若干测点,将这些点光滑地连接起来,即得水泵的 P-Q 曲线。

(3)ηQ 曲线

利用 H-Q 和 P-Q 曲线,任取一个 Q 值可以得出相应的 H 和 P 值,由式(1.14-6)和式(1.14-7)得该流量下的相应效率 η 值。

取若干个 Q 值,并求得相应 H 和 P 值,即可算出其相应的 η 值,在 Q-η 坐标系中可光滑地连出泵的 ηQ 效率曲线。

1.14.3 实验仪器

离心泵装置如图 1.14-2 所示。

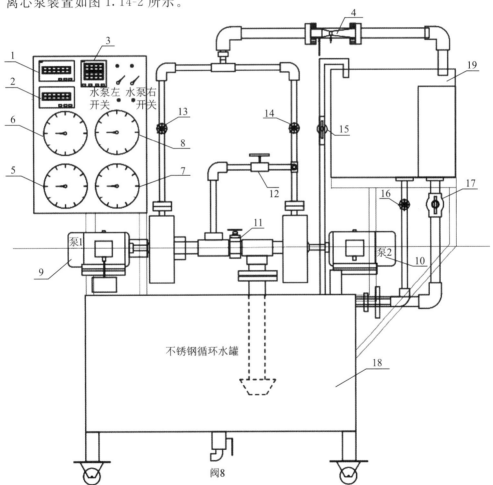

1. 水泵电机扭矩表;2. 水温表;3. 水泵电机转速表;4. 文丘里流量计;5. 泵 1 进口压力表;
6. 泵 1 出口压力表;7. 泵 2 进口压力表;8. 泵 2 出口压力表;9. 离心泵 1;10. 离心泵 2;11. 阀 1;
12. 阀 2;13. 阀 3;14. 阀 4;15. 阀 5;16. 阀 6;17. 阀 7;18. 密封水箱;19. 计量水箱(底面积为 0.20 m²。
计算过程:0.429×0.51=0.21879 m²,0.145×0.16=0.0232 m²,底面积=0.21879-0.0232=0.19559m²)

图 1.14-2　离心泵装置示意

离心泵参数:

型号:104 型塑料离心泵　　　　　最大扬程:10 m

最大流量:10 m³·h⁻¹　　　　　泵进口管径:32 mm

泵出口管径:25 mm　　　　　电机额定功率:0.75 kW

电机额定转速:2800 r·min⁻¹　　　电机测量力臂:140 mm

进出口高度差:15 cm

1.14.4　实验步骤

1. 试验前准备

(1) 检查试验台有无异常,电源是否接触良好,有无漏水,管路是否连接良好。

(2) 通过回水箱给水泵加水。

(3) 将泵 2 的出水阀门(阀 4)和连接泵 1 和泵 2 串联的阀门(阀 2)关闭。

(4) 将泵 1 吸口处阀门(阀 1)打开和出口处阀门(阀 3)关闭。

2. 进行试验

启动泵 1,泵运转后,记录流量为 0 时的泵 1 入口压力、泵 1 出口压力、电机转速和扭矩;逐步打开泵 1 出口处阀门,在流量 0 和最大值之间从小到大均匀变化 10 次流量,用体积法测定,每次待流量稳定后,记录泵 1 入口压力、泵 1 出口压力、电机转速、扭矩和流量的数据,将实验结果填入实验数据记录表(表 1.14-1)。

1.14.5　数据记录与处理

表 1.14-1　实验数据记录

序号	泵 1 流量/(m³·s⁻¹)	泵 1 入口压力/MPa	泵 1 出口压力/MPa	电机转速/(r·min⁻¹)	扭矩/(kg·m)	进口流速/(m·s⁻¹)	出口流速/(m·s⁻¹)	H	P	η
1										
2										
3										
4										
5										
6										
7										
8										
9										
10										

利用表 1.14-1 绘制出流量与杨程、流量与轴功率、流量与效率曲线：

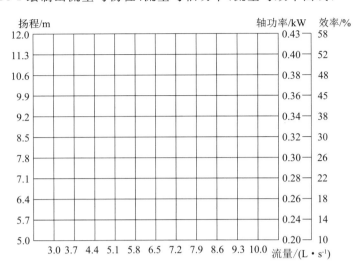

1.14.6　思考题

（1）离心泵开启前为什么要关闭出水阀？

（2）什么是离心泵的气蚀现象？怎样避免？

1.15 离心泵并联特性实验

1.15.1 实验目的

（1）了解离心泵并联实验装置。

（2）加深理解两台离心泵并联的性能参数测量方法。

（3）确定离心泵并联运行时的 Q-H 曲线，理解该曲线与单泵运行时水泵性能曲线之间的关系。

1.15.2 实验原理

根据实验绘出两台并联的性能曲线。实验原理同 1.14.2。

1.15.3 实验仪器

见图 1.14-2。

1.15.4 实验步骤

1.试验前准备

（1）检查试验台有无异常，电源是否接触良好，有无漏水，管路是否连接良好。

（2）通过回水箱给水泵加水。

（3）将连接泵 1 和泵 2 串联的阀门（阀 2）关闭。

（4）将泵 1 吸口处阀门（阀 1）打开，泵 1、泵 2 出口处阀门（阀 3 和阀 4）关小（流量尽量小，使水泵的起动功率减小）。

2.进行试验

（1）启动水泵 1，通过体积法测定单泵流量、泵 1 入口压力和出口压力。

（2）启动泵 2，调节阀门 3 和阀门 4，使得并联时泵 1、泵 2 的入口压力和出口压力等于单泵运行时的入口压力和出口压力，通过体积法测定并联流量。

（3）调节流量，重复进行步骤（1）和（2），以观察和验证泵的并联运行时的基本规律。

1.15.5 数据记录与处理

实验数据记录见表 1.15-1。

表 1.15-1 实验数据记录

序号	并联流量/ $(m^3 \cdot h^{-1})$	泵1入口 压力/MPa	泵1出口 压力/MPa	泵2入口 压力/MPa	泵2出口 压力/MPa	单泵流量/ $(m^3 \cdot h^{-1})$	H/ m
1							
2							
3							
4							
5							
6							
7							
8							
9							
10							

利用表 1.15-1 绘制出并联流量与扬程曲线:

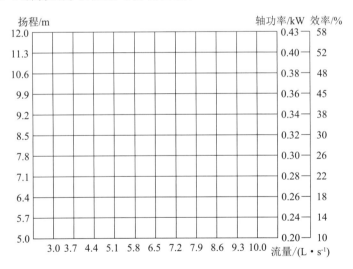

1.15.6 思考题

(1) 离心泵并联有什么优势?

(2) 两台同型号离心泵在外界条件相同的情况下并联工作,并联工况点的流量与单泵工作时的流量是什么关系?

1.16　泵站设计组装虚拟仿真实验

1.16.1　实验目的

(1) 熟悉泵站的基本组成。

(2) 掌握泵站设计、设备装配以及各设备间的装配干涉检验的基本原则。

1.16.2　实验原理

1.水泵机组选型的基本步骤

首先需根据流量和扬程选择合适的泵型；其次要根据经济性、占地限制和可能出现的意外情况选择水泵的结构形式；再次综合考虑扬程、设计流量，从水泵产品样本库中选择合适的水泵型号及台数；最后选配动力机和辅助设备。

2.主机组的布置原则

在进行水泵系统组装前需先根据泵房的尺寸和机组数量选取相应的布置方式。泵房机组的布置方式通常分为一行、双行交叉和双行半交叉式等几种布置形式。一行式布置的优点是简单、整齐、泵房跨度小。缺点是当机组数目太多时会增加泵房长度。双行交叉式布置可以充分利用泵房的空间。当机组数目较多时多采用双行交叉式布置，但在这种布置下机组操作和维修不便，且要求部分机组水泵轴调向。双行半交叉式可保留双行交叉式的优点，同时可保持水泵轴不调向。

3.泵房管路系统布局

泵房管路系统具体包括进水管、进水闸阀、异径管、水泵机组、出水弯管、出水闸阀、止回阀和出水管等部件。各部件的功能不同，其摆放位置、衔接关系甚至装配的先后顺序均可能不同，需按实际情况进行组装。

1.16.3　实验仪器

本实验为虚拟仿真实验，仪器设备包括水泵房实景及内部设备(包括水泵机组、进水管路系统和出水管路系统)的三维模型。所有部件均经过渲染，可营造一种处于泵房内部的真实感。泵房实景如图 1.16-1 所示。实验的主要过程即为在此实景中进行水泵选型，选择正确的管路设备，设计排布方式并进行组装。

图 1.16-1　泵站泵房虚拟场景

1.16.4　实验步骤

本实验包括三大环节共 14 个步骤。

环节一为设计环节,包括:

(1) 根据预设参数在水泵库中选择合适的水泵型号。

(2) 根据场地和使用情况选择水泵的结构形式。

(3) 根据预设参数估算所需水泵台数。

(4) 选择主机组布置形式。

环节二为组装环节,包括:

(5) 在泵房合适的位置安装水泵基座。

(6) 在水泵基座上安装水泵及电动机。

(7) 安装异径管。

(8) 安装进水闸阀。

(9) 安装进水管。

(10) 安装出水弯管。

(11) 安装出水闸阀。

(12) 安装止回阀。

(13) 安装出水管。

环节三为调试环节,包括:

(14)运行调试步骤。

以上环节一的(1)～(4)步骤答案不唯一,只要符合设计原则即可;环节二的(7)～(9)步骤为进水管路系统安装,(10)～(13)步骤为出水管路安装,这两部分无安装顺序要求。无论在设计环节选用几台机组,在实验过程中只需针对一台机组进行组装和调试。

实验环节和步骤之间的流程关系如图 1.16-2 所示。

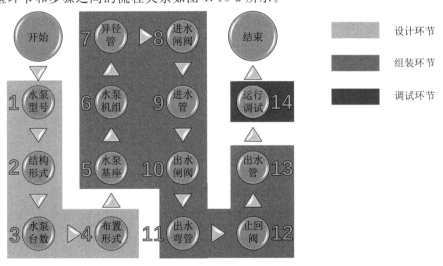

图 1.16-2　实验环节和具体步骤流程

1.16.5　数据记录与处理

实验记录在线填写,系统自动生成实验报告。

1.16.6　思考题

(1) 泵站水泵的结构形式有哪些? 各有什么特点?
(2) 泵站中水泵的台数应如何选择?

第二部分
水利工程中常见的流量测量

流量是单位时间内流过某一断面的水量，以 $m^3 \cdot s^{-1}$ 计。它是反映水资源和江河、湖泊、水库、人工河渠等水体水量变化的基本数据，是河流最重要的水文特征值，也是水利工程设计和管理的基础。准确测量水流的流量是水利工程中非常重要的一项技术，对水利工程至关重要。本部分主要介绍在水利工程中常用的流量测量方法和操作规范。

2.1 流速仪法

流速仪法是用流速仪测定水流速度，并由流速与断面面积的乘积来推求流量的方法。它是目前国内外广泛使用的测流方法，也是最基本的测流方法。其测量成果成为率定和校核其他测流方法的标准。

通过河流某一断面的流量 Q 可表示为断面平均流速 v 和过水断面面积 A 的乘积，即 $Q=vA$。因此，流量测量应包括水道断面测量和流速测量两部分工作。流速仪法测流，就是以上式为依据，将过水断面划分为若干部分，用普通测量的方法测算出各部分断面的面积，用流速仪测算出各部分面积上的平均流速，部分面积乘以相应部分面积上的平均流速，称为部分流量。部分流量的总和即为断面的流量。

采用流速仪法的断面一般要符合以下条件：

（1）断面内大多数测点的流速不超过流速仪的测速范围。

（2）垂线水深不应小于用一点法测速的必要水深。

（3）在一次测流的起讫时间内，水位涨落差不应大于平均水深的 10%，水深较小和涨落急剧的河流不应大于平均水深的 20%。

（4）流经测流断面的漂浮物不应影响流速仪的正常运转。

采用流速仪法施测流量按照如下步骤进行：

（1）观测基本水尺断面水位，确定施测水位（图 2.1-1）。

（2）施测测流断面水面以下水道断面，确定断面面积。

（3）进行测点流速或垂线平均流速测量。

（4）观测天气现象及测验断面附近水流情况。

（5）计算、检查和分析流量测验数据及计算成果。

2.1.1 流速仪法测流断面的布设

（1）宜选择在河岸顺直、等高线走向大致平行、水流集中的河段中央。测验河段客观条件允许时,宜将测流断面、浮标中断面与基本水尺断面重合(图2.1-1)。

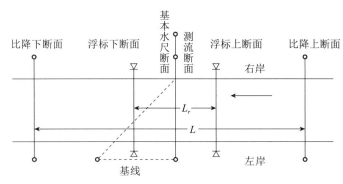

图 2.1-1　各断面位置分布示意

(2) 按高、中、低水位分别施测流速。测流断面宜垂直于断面平均流向,偏角不应超过10°。

(3) 低水期河段内有分流、串沟存在且流向与主流相差较大时,宜分别布设垂直于流向不同的测流断面。

(4) 在水库、堰闸等水利工程的上、下游布设流速仪法测流断面,应避开水流异常紊动影响。

2.1.2　水道断面测量

测流断面自由水面线与河床线之间所包围的面积,为水道断面(随着水位的变化而变动)(图2.1-2)。水道断面测量是在断面上布设一定数量的测深垂线,施测各条垂线的水深,同时测得每条测深垂线与岸上某一固定点(断面的起点桩,一般设在左岸)的水平距离(称为起点距),并同时观测水位,用施测时的水位减去水深,得到各测深垂线处的河底高程。水道断面测量一般与流量测量同时进行。

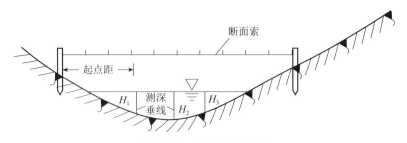

图 2.1-2　测流断面示意

测深垂线的布设宜均匀分布,并应能控制河床变化的转折点,使部分水道断面面积无大补大割情况。当河道有明显漫滩时主槽部分的测深垂线应较滩地更密。

1. 起点距测量

起点距一般指测深垂线至基线起点桩(一般设置在左岸)的水平距离(图2.1-2)。以左岸断面起点桩作为起算的零点,起点距以 m 计。水面宽在 5 m 以下时记至 0.01 m,5 m 以上时记至 0.1 m。起点距常见测量方法包括直接测距法、视距法、断面索法和经纬仪测角交会法。

（1）直接测距法

当存在渡河建筑物时，可采用钢尺或皮卷尺直接测量水平距离，应注意使钢尺或皮卷尺在两垂线或桩点间保持水平。

（2）视距法

使用全站仪、激光测距仪、卫星定位系统等测得各垂线起点距。将设备架设在水道断面的基点，测船沿着断面方向横穿河道。当测船驶到一定位置需测水深时，即将船稳住，竖立标尺，向基点测站发出信号，双方各自同时进行有关测量和记录（包括视距、截尺、天顶距、水深），并互报点号对照检查，以免观测成果与点号不符。断面各点水深观测完后，需将所测水深按点号转抄到测站记录手簿中。

（3）断面索法（图 2.1-3）

先在断面方向靠两岸水边打下定位桩，在两桩间水平地拉一条断面索，以一个定位桩作为断面索的零点，从零点起每隔一定间距（如 2 m）系一布条，在布条上注明至零点的距离。测深船沿断面索测深的同时，根据索上的距离加上定位桩至断面基点的距离即得水深点至基点的距离。

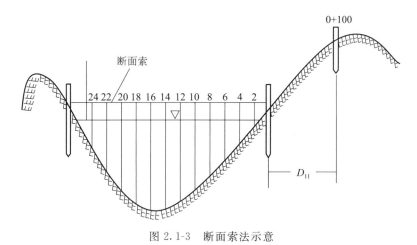

图 2.1-3　断面索法示意

记录时要分清断面点的左右位置：以面向下游为准，位于基点左侧的断面点按左 1、左 2……编号，位于基点右侧的断面点按右 1、右 2……编号。

这种方法适合于河宽较小、水上交通不多、有条件架设断面索的河道测站，精度较高。

（4）经纬仪测角交会法

由于河面较宽或其他原因不便进行直接测量，也无法架设断面索的断面，可以用此法来测定水深点至基点的距离。如图 2.1-4 所示，在布设测流断面时，同时布设基线（AC），并用精确方法量出基线的长度 L，测角时，将经纬仪安放在基线的终点 C，当测船沿断面方向行驶到测深点位置时，经纬仪按照测深位置测出角度 φ，则起点距 D：

当基线不垂直于断面时，

$$D = L \frac{\sin\varphi}{\sin(\alpha + \varphi)} \tag{2.1-1}$$

当基线垂直于断面时，

$$D = L \times \tan\varphi \tag{2.1-2}$$

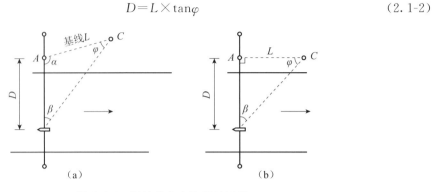

图 2.1-4　经纬仪交会法测量示意

2. 水深测量

水深即水面至水底的垂直距离。水深测量常用的工具有测深杆、测深锤和回声测声仪等。水深、流速较小断面，宜采用测深杆测深；水深、流速较大，可在船上采用测深锤或铅鱼测深；面积及水深较大时，宜采用回声测深仪测深。

（1）测深杆测深

测深杆简称测杆，一般用长 6～8 m、直径 5 cm 左右的竹竿制成（图 2.1-5）。从杆的底端起，以不同颜色相间标出每分米分划，每 1 m 处都有注记。底部有直径 10～15 cm 的铁制底盘，用以防止测深时测杆下陷而影响测深精度。测杆宜在水深 5 m 以内，流速和船速不大的情况下使用。测深时，将测杆斜向上游插入水中，当杆底到达河底且与水面成垂直时读取水面所截杆上读数，即为水深。

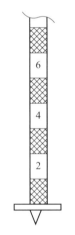

图 2.1-5　测深杆示意

使用测深杆测深应符合下列规定：

① 测深杆上的尺寸标志在不同水深读数时，应能准确至水深的 1%。

② 河底比较平整的断面，每条垂线的水深应连测两次。当两次测得的水深差值不超过最小水深值的 2% 时，取两次水深读数的平均值；当两次测得的水深差值超过 2% 时，应增加测次，取符合限差 2% 的两次测深结果的平均值；当多次测量达不到限差 2% 的要求时，可取

多次测深结果的平均值。

③ 对于河底不平整或波浪较大的断面，以及水深小于 1 m 的垂线，其限差按 3% 控制。河底为乱石或较大卵石、砾石组成的断面，应在测深垂线处和垂线上、下游及左、右侧共测 5 点。四周测点距中心点，小河宜为 0.2 m，大河宜为 0.5 m，并取 5 点水深读数的平均值作为测点水深。

（2）测深锤测深

测深锤又称水铊，由重 4~8 kg 的铅锤和长约 10 m 的测绳组成（图 2.1-6）。铅锤底部通常有一凹槽，测深时在槽内涂上牛油，可以粘取水底泥沙，借以判明水底泥沙性质，验证测锤是否到水底。测绳由纤维制成，以分米为间隔，系有不同颜色的分米标记；在整米处扎以皮条，注记米数。测深锤适用于水深 10 m 以内，流速小于 1 m·s^{-1} 的河道测深。

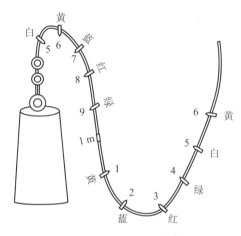

图 2.1-6　测深锤示意

使用测深锤测深应符合下列规定：

① 测绳上的尺寸标志，应将测绳浸水，在受测深锤重量自然拉直的状态下设置。

② 每条垂线的水深应连测两次。两次测得的水深差值，当河底比较平整的断面不超过最小水深值的 3%，河底不平整的断面不超过 5% 时，取两次水深读数的平均值；当两次测得的水深差值超过上述限差范围时，应增加测次，取符合限差的两次测深结果的平均值；当多次测量达不到限差要求时，可取多次测深结果的平均值。

③ 测站应有备用的系有测绳的测深锤 1~2 个。当断面为乱石组成，测深锤易被卡死损失时，备用的系有测绳的测深锤不宜少于 2 个。

④ 每年汛前和汛后，应对测绳的尺寸标志进行校对检查。当测绳的尺寸标志与校对尺的长度不符时，应根据实际情况，对测得的水深进行改正。当测绳磨损或标志不清时，应及时更换或补设。

（3）铅鱼测深

用悬索悬吊铅鱼，测定铅鱼自水面下放至河底时，绳索发出的长度，如图 2.1-7 所示。该法适用于水深流急的河流，应用范围广泛。

水文缆道测验用铅鱼，是按照国家标准生产，一种用金属铅或铅、铁混合铸造成的具有一定重量和细长比、外形呈流线型的水文测验器具。铅鱼的结构以流线型鱼身为主体,在鱼身的背部装有悬挂机构和流速仪悬杆,并与纵、横尾及信号源等组成铅鱼整机。

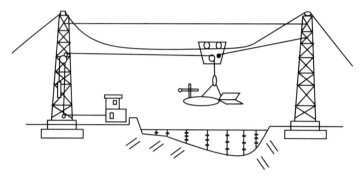

图 2.1-7　铅鱼测深示意

使用铅鱼测深应符合下列规定:

① 在缆道上使用铅鱼测深时,应在铅鱼上安装水面和河底信号器。在船上使用铅鱼测深时,可只安装河底信号器。

② 悬吊铅鱼的钢丝索尺寸应根据水深、流速的大小和铅鱼重量及渡河、起重设备的荷重能力确定。

③ 水深的测读方法可采用直接读数法、游尺读数法、计数器计数法等。当采用计数器测读水深时,应进行测深计数器的率定、测深改正数的率定、水深比测等工作。

④ 每次测深之前,应仔细检查悬索(起重索)、铅鱼悬吊、导线、信号器等是否正常。发现问题时,应及时排除。

(4) 回声测深仪

根据超声波能在均匀介质中匀速直线传播,遇到不同介质面则产生反射的特性设计制造的一种测深仪器。主要由激发器、换能器、放大器、记录显示设备和电源等部件组成(图 2.1-8)。

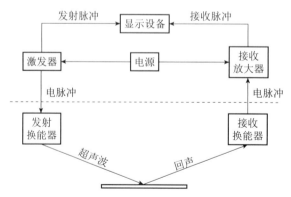

图 2.1-8　回声测深仪的主要构件和测深原理

由激发器产生的电脉冲经换能器转换为超声波发射到水底,声波从水底反射回来又被换能器接收转换为电脉冲。从声波发射到接收这段时间 T,由发声脉冲信号和收声脉冲信号推动记录器进行记录,并根据声波在水中的传播速度 v(平均 1500 m·s^{-1})

自动转换为水深 H,以数字形式或图像形式显示出来。声速 v,往返时间 T 与水深 H 的关系为

$$H = vT/2$$

按照使用要求不同,回声测深仪可以设计成便携式和固定式。便携式测深仪用于非固定船只上,将激发器、放大器和记录显示器装配在一个机壳内(称为主机),发射和接收共用一个换能器,因此整个仪器比较小巧轻便。固定式测深仪用于专业测量船及自动导航船上,激发器、放大器和记录显示器设计成分离式,分别安装在舱内的桌上或墙上,发射和接收各用一个换能器,分别安装在船底左右两边同一水平线上(图 2.1-9)。

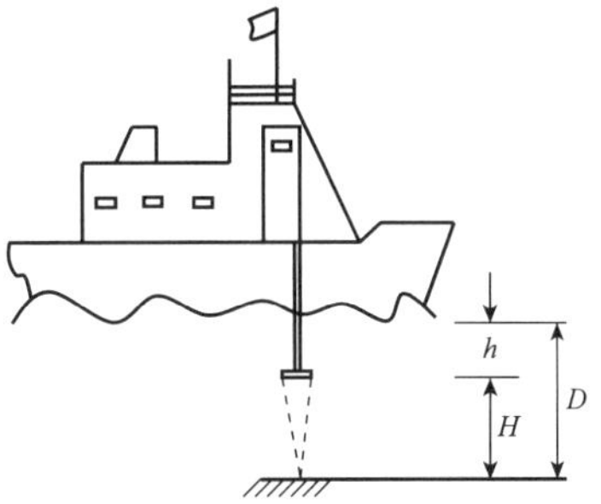

图 2.1-9 回声测深仪测量示意

若要求水面至水底的深度,则应将测得的水深加上换能器的吃水,可得水面至水底的深度 D:

$$D = H + h \tag{2.1-3}$$

使用超声波测深仪测深应符合下列规定:

① 超声波测深仪在使用前应进行现场校准,校准点不宜少于 3 个,并分布于不同水深处。

② 当测深换能器离水面有一段距离时,应对测读或记录的水深做换能器入水深度的改正。当发射换能器与接收能器之间有较大水平距离,使得超声波传播的距离与垂直距离之差超过垂直距离的 2% 时,应做斜距改正。

③ 施测前应在流水处水深不小于 1 m 的深度上观测水温,并根据水温做声速校正。当采用无数据处理功能的数字显示测深仪时,每次测深应连续读取 5 次以上读数,取其平均值。

以上介绍了水道断面起点距和水深测量的常用方法,工程实践中根据断面的实际特点,选择合适的测量方法,并完成附录 A 的水道测量记录。

3. 断面测量误差

断面测量的误差来源包括下列内容:

(1)水深测量误差包括下列内容:

① 波浪或阻具阻水较大,影响观测。

② 水深测量位置偏离断面线。

③ 悬索的偏角较大。

④ 测深杆的刻度或测绳的标准不准。

⑤ 测杆或测锤陷入河床。

⑥ 超声波测深仪的声速设置与实际声速有差异。

⑦ 水深测量的仪器设备在施测前未按要求进行检查和校测。

(2)起点距测量误差包括下列内容:

① 基线丈量的精度或基线的长度不符合要求。

② 断面索的伸缩和垂度的变化使得施测不准。

③ 使用经纬仪交会法施测时,后视点观测不准或仪器发生位移。

④ 测点偏离断面线。

⑤ 仪器的校测和观测不符合规范要求。

(3)在断面测量过程中,应按下列规定控制测量误差:

① 应严格按有关操作规程施测。

② 波浪较大时,垂线水深观测不应少于 3 次,并取其中数值最接近的两次的平均值。

③ 水深和起点距测量的位置应控制在测流横断面线上。

④ 使用铅鱼测深时,应减小偏角,在悬索可承受范围内使用较重的铅鱼,偏角超过 10° 时应做偏角改正。

⑤ 应选用合适的超声波测深仪。

⑥ 对测宽、测深仪器和测具应按规定进行校正。

2.1.3　流速测量

1. 流速仪工作原理

流速仪是一种专门测定水流速度的仪器,目前我国使用最多的是旋杯式流速仪和旋桨流速仪,它们都由感应水流的旋杯器(旋杯或旋桨)、记录信号的计数器和保持仪器正对水流的尾翼 3 部分组成,如图 2.1-10、图 2.1-11 所示。

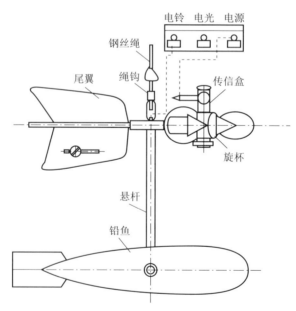

图 2.1-10　旋杯式流速仪示意

利用水流冲动流速仪的旋杯或旋桨,同时带动转轴转动,在装有信号的电路上发出信号,便可知道在一定时间内的旋转次数,流速越大,转轴旋转越快,流速与转速之间有一定的关系,这种关系是由厂家在仪器出厂之前,把流速仪放在特定的检定水槽里,通过实验方法来确定流速与转速间的函数关系。关系式如下:

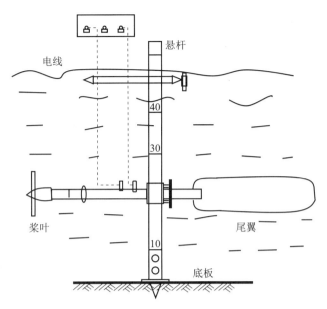

图 2.1-11　旋桨式流速仪示意

$$v = K \frac{N}{T} + C \qquad (2.1\text{-}4)$$

式中：v——水流速度 $\mathrm{m \cdot s^{-1}}$；

　　　T——测速历时，为了消除水流脉动的影响，测速历时一般不应小于 100 s；

　　　N——流速仪在测速历时 T 内的总转数，一般是根据信号数，再乘上每一信号代表的转数求得；

　　　K——水力螺距，表示流速仪的转子旋转一周时，水质点流动的长度；

　　　C——附加常数，表示仪器在高速部分内部各运动件之间的摩阻，为仪器的摩阻常数。

式（2.1-4）中，系数 K、C 是通过水槽实验事先率定的。

2. 测速垂线及测速点布置

在过水断面上，流速随水平及垂直方向的位置不同而变化。从断面方向看，从河底向水面，从两岸向河心流速逐渐增大；从垂向方向看，河床流速最小，从河底到水面流速逐渐增大，如图 2.1-12 所示。

流速仪只能测得某点的流速，为了求得断面平均流速，首先在断面上布设一些测速垂线（一般在测深垂线中，选择若干条同时兼作测速垂线）。积点测速法是在断面的各条测速垂线上将流速仪放在不同的水深点处逐点测速，然后根据测点流速的平均值求得测线平均流速，再由测线平均流速求得部分面积平均流速，进而推得断面流量。这是目前最常用的测速方法。

测速时，要在测流断面上布设若干条垂线作为测速垂线，并在每条测速垂线上选定若干个测点。测速垂线的数目，视水面宽度、水深和测量精度要求而定，最少测速垂线数目见表 2.1-1。测速垂线的位置以能控制断面形状和流速横向分布为原则进行布设。

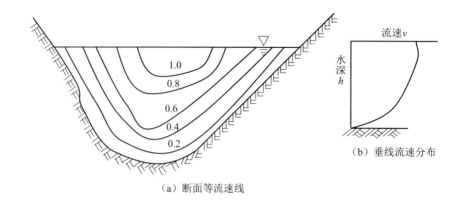

（a）断面等流速线

图 2.1-12   流速分布

表 2.1-1   我国精测法、常测法最少测深垂线数目的规定

	水面宽/m	<5	5	50	100	300	1000
精测法	窄深河道/条	5	6	10	12	15	15
	宽浅河道/条			10	15	20	25
常测法	窄深河道/条	3～5	5	6	7	8	8
	宽浅河道/条			8	9	11	13

注:当水面宽与平均水深之比值小于 100 时为窄深河道,大于 100 时为宽浅河道。

（1）垂线数目的确定应符合下列规定:

① 有条件进行精简分析的水文站,应收集多线法实测资料,进行精简分析,确定垂线数目。

② 为避免测速垂线数目引起的随机误差和系统误差对流量影响过大,断面内任意两条相邻测速垂线的间距不宜过大。

③ 有下列情况时,测速垂线数目应适当增加:

a.宽深比特别大或漫滩严重的。

b.河床由大卵石、乱石组成或分流串沟较多的。

c.为了特殊的服务需求,流量资料精度要求较高的。

④ 在水情变化急剧而又因没有进行简测分析,不能使用少线少点法时,测速垂线数目可酌量减少;但水面宽小于 50 m 时不宜少于 5 条,且应使其测流精度不低于浮标法的精度。每根垂线上的流速随水深的不同而异,为求得垂线平均流速,必须在各测速垂线不同水深点上测速。垂线上流速测定的数目和位置,要根据水深大小、水流情况、有无冰封等情况决定,见表 2.1-2。但无论用任何方法测流,垂线上流速测点的间距都不宜小于流速仪旋桨、旋叶或旋杯的直径。

表 2.1-2　垂线上测点流速位置分布

测点数	相对水深位置	
	畅流期	冰期
一点	0.6 或 0.5、0.0、0.2	0.5
二点	0.2、0.8	0.2、0.8
三点	0.2、0.6、0.8	0.15、0.5、0.85
五点	0.0、0.2、0.6、0.8、1.0	
六点	0.0、0.2、0.4、0.6、0.8、1.0	0.0 或冰底或冰花底 0.2、0.4、0.6、0.8、1.0
十一点	0.0、0.1、0.2、0.3、0.4、0.5、0.6、0.7、0.8、0.9、1.0	

相对水深示意如图 2.1-13 所示。

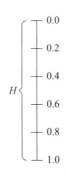

图 2.1-13　相对水深示意

（2）垂线测点数目的确定应符合下列规定：

① 有条件进行精简分析的水文站，应收集多点法实测资料，进行精简分析，确定垂线测点数目。

② 没有条件进行精简分析的水文站和新布设的测流断面，为避免少点法的随机误差对断面流量有较大影响，宜采用二点法（畅流期）或三点法（冰期）。在垂线流速分布很不规则的垂线上只要水深足够，宜采用五点法（畅流期）或六点法（冰期）。

③ 为了缩短测流历时，提高测流成果精度，遇下列情况可采用一点法测速：

a. 水位涨落急剧，用正常的流速测点数测速会使测流过程的水位涨落差超过规范相应规定时。

b. 大风浪及其他原因，仪器准确定位困难时。

c. 卵石或乱石河床，测河底附近测点会碰坏仪器时。

d. 冰期流冰严重，测流安全受到影响时。

④ 当用一点法测速时，测点位置应先布设在 0.6 相对水深处。当因悬索偏角太大，在 0.6 相对水深处测速困难时，可布设在水面或 0.2 相对水深处测速。

（3）测点测速历时的确定应符合下列规定：

① 有条件进行精简分析的水文站，垂线上测点测速历时宜通过精简分析确定；没有条

件进行精简分析的水文站和新布设的测流断面,不应短于 100 s。

② 采用较少的垂线、测点,同时用较短的测速历时能达到精度要求时,测速历时可缩短为 60 s。

③ 河流暴涨暴落或水草、漂浮物较多或流冰严重,采用 60 s 的测速历时仍有困难时,测速历时可缩短为 30 s。

④ 潮流站在流速变率较大或垂线测点较多时,测速历时可采用 30~60 s。

(4) 据垂线水深按下列规定确定(表 2.1-3):

① 水深小于 1.5 m 时,可采用 0.6 或 0.5 相对水深一点法。

② 水深大于或等于 1.5 m,小于 3.0 m 时,可采用二点法。

③ 水深大于或等于 3.0 m,小于 5.0 m 时,可采用三点法。

④ 水深大于或等于 5.0 m 时,宜用六点法。

表 2.1-3 按垂线水深的流速测点规定

垂线水深 H/m	测点数	相对水深位置
$H<1.5$	一点法	0.6 或 0.5、0.0、0.2
$1.5 \leqslant H<3.0$	二点法	0.2、0.8
$3.0 \leqslant H<5.0$	三点法	0.2、0.6、0.8
$H \geqslant 5.0$	六点法	0.0、0.2、0.4、0.6、0.8、1.0

2.1.4 流量计算

流量计算一般都以列表方式进行。方法是:由测点流速推求垂线平均流速,由垂线平均流速推求部分面积上的平均流速,部分平均流速和部分面积相乘得部分流量,各部分流量之和即为全断面流量。

1. 垂线平均流速计算

一点法:

$$V_m = v_{0.6} \tag{2.1-5}$$
$$V_m = K v_{0.5}$$
$$V_m = K_1 v_{0.0}$$
$$V_m = K_2 v_{0.2}$$

二点法:

$$V_m = (v_{0.2} + v_{0.8})/2 \tag{2.1-6}$$

三点法:

$$V_m = (v_{0.2} + v_{0.6} + v_{0.8})/3 \tag{2.1-7}$$
$$V_m = (v_{0.2} + 2v_{0.6} + v_{0.8})/4 \tag{2.1-8}$$

五点法:

$$V_m = (v_{0.0} + 3v_{0.2} + 3v_{0.6} + 2v_{0.8} + v_{1.0})/10 \tag{2.1-9}$$

式中：V_m——垂线平均流速，m/s；

$v_{0.0}$，$v_{0.2}$，$v_{0.6}$，$v_{0.8}$，$v_{1.0}$——水面，$0.2H$，…，河底处的测点流速 $m \cdot s^{-1}$；

K、K_1、K_2——半深、水面、0.2 相对水深处的流速系数。

2. 部分面积平均流速的计算

部分面积平均流速是指两测速垂线间部分面积的平均流速，以及岸边或死水边与断面两端测速垂线间部分面积的平均流速，见图 2.1-14。图的下半部表示断面图，上半部表示垂线平均流速沿断面的分布图。

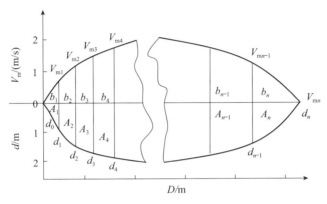

图 2.1-14　部分面积计算划分

（1）中间部分平均流速

由相邻两条测速垂线与河底及水面所组成的部分，部分平均流速为相邻两垂线平均流速的平均值。

$$\overline{V}_i = \frac{V_{m(i-1)} + V_{mi}}{2} \tag{2.1-10}$$

式中：$\overline{V}_i$——第 i 部分面积对应部分平均流速，$m \cdot s^{-1}$；

V_m——第 i 条垂线平均流速，$m \cdot s^{-1}$，$i = 1, 2, \cdots, n-1$。

（2）靠岸边部分平均流速

由距岸第一条测速垂线所构成的岸边部分，

左岸：
$$\overline{V}_1 = \alpha V_{m1} \tag{2.1-11}$$

右岸：
$$\overline{V}_n = \alpha V_{mn-1} \tag{2.1-12}$$

式中：α——岸边流速系数。

岸边流速系数 α 值可根据岸边情况在表 2.1-4 中选用。

表 2.1-4　岸边流速系数 α

岸边情况		α 值
水深均匀地变浅至零的斜坡岸边		$0.67 \sim 0.75$
陡岸边	不平整	0.8
	光滑	0.9
死水与流水交界处的死水边		0.6

流速系数的确定应符合下列规定：

① 畅流期半深流速系数,应采用五点法测速资料绘出垂直流速分布曲线,内插出 0.5 相对水深的流速。与垂线平均流速对比,经多次分析后确定。

② 封冻期半深流速系数,应采用六点法或三点法测速资料分析确定。

③ 畅流期 0.2 相对水深的流速系数,可用本站二点法或多点法的资料分析确定。

④ 畅流期水面流速系数,应由多点法测速资料或其他加测水面流速的资料分析确定,或根据实测的水面比降、河床糙率等资料分析计算。

（3）部分面积的计算

部分面积以测速垂线为分界,岸边部分按三角形公式计算,中间部分按梯形面积公式计算。

岸边部分面积（三角形面积公式）：

$$A_1 = 0.5 b_1 d_1, A_n = 0.5 b_n d_{n-1} \tag{2.1-13}$$

中间部分面积（梯形面积公式）：

$$A_i = \frac{d_{i-1} + d_i}{2} b_i \tag{2.1-14}$$

式中：A_i——第 i 部分面积,m^2；

i——测速垂线或测深垂线序号,$i = 1, 2, \cdots, n$；

d_i——第 i 条垂线的实际水深,m,当测深、测速没有同时进行时,应采用河底高程与测速时的水位算出应用水深；

b_i——第 i 部分断面宽,m。

3. 部分流量计算

由各部分的部分平均流速 $\overline{V}_i$ 与部分面积 A_i 之积得到部分流量,即：

$$q_i = \overline{V}_i A_i = \frac{1}{2}(V_{mi-1} + V_{mi}) \cdot \frac{1}{2}(d_{i-1} + d_i) b_i \tag{2.1-15}$$

式中：q_i——第 i 部分流量,m^3/s。

4. 断面流量及其他水力要素的计算

（1）断面面积 A

断面面积 A 为各部分面积 A_i 之和,即

$$A = \sum_{i=1}^{n} A_i \tag{2.1-16}$$

（2）断面流量 Q

断面流量 Q 为断面上各部分流量 q_i 的代数和,即

$$Q = \sum_{i=1}^{n} q_i \tag{2.1-17}$$

（3）断面平均流速

$$\overline{V} = \frac{Q}{A} \tag{2.1-18}$$

5. 流量计算流程

如图 2.1-15 所示。

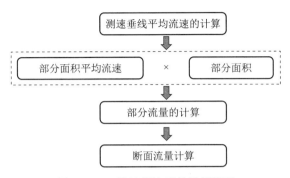

图 2.1-15　流速仪法流量计算流程

6. 相应水位的计算

相应水位是指在一次实测流量过程中,与该次实测流量值相等的某一瞬时流量所对应的水位。实测流量的相应水位计算应符合下列规定。

（1）算术平均法

测流过程中水位变化引起水道断面面积的变化,当平均水深大于 1 m 时不超过 5%,或当平均水深小于 1 m 时不超过 10%,可取测流开始和终了两次水位的算术平均值为相应水位;当测流过程跨越水位峰顶或谷底时,应采取多次实测或摘录水位的算术平均值最为相应水位。

（2）加权平均法（图 2.1-16）

测流过程中水道断面面积的变化超过上述范围时,相应水位应按下式计算：

$$Z_{\mathrm{m}} = \frac{b'_1 V_{\mathrm{m1}} Z_1 + b'_2 V_{\mathrm{m2}} Z_2 + \cdots + b'_i V_{\mathrm{m}n} Z_n}{b'_1 V_{\mathrm{m1}} + b'_2 V_{\mathrm{m2}} + \cdots + b'_n V_{\mathrm{m}n}} \tag{2.1-19}$$

式中：Z_{m}——相应水位,m。

b'_i——测速垂线所代表的水面宽度,m,宜采用该垂线两边两个部分宽的平均值。在岸边垂线上,宜采用水边至垂线的间距再加该垂线至下一条垂线间的一半所得之和。

$V_{\mathrm{m}i}$——第 i 条垂线的平均流速,m·s^{-1}。

Z_i——第 i 条垂线上测速时的基本水尺水位,m,实测或插补而得。

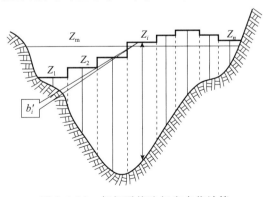

图 2.1-16　加权平均法相应水位计算

（3）其他方法

采用其他方法计算的相应水位，与加权平均法相比，水位差不超过 1 cm 时，可以采用。

2.1.5 水位观测

水位是指河流或其他水体（如湖泊、水库、渠道等）的自由水面相对于某一固定基面的高程，以 m 计。水位数据要指明所用基面才有意义。目前全国统一采用黄海基面。

水位观测的作用一是直接为水利、水运、防洪、防涝提供具有单独使用价值的资料，如堤防、坝高、桥梁及涵洞、公路路面标高的确定；二是为推求其他水文数据而提供间接资料，如由水位推求流量、计算比降等。

水位观测的常用设备有水尺（直立式、倾斜式、矮桩式与悬锤式）和自记水位计两类（图2.1-17、图 2.1-18）。

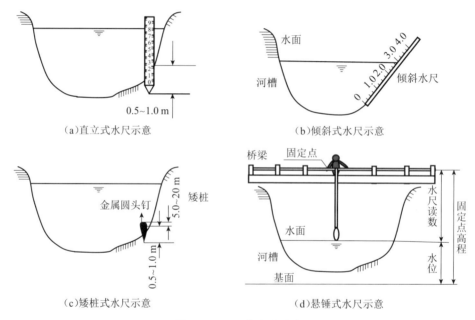

(a)直立式水尺示意　　　　　　　　　　　(b)倾斜式水尺示意

(c)矮桩式水尺示意　　　　　　　　　　　(d)悬锤式水尺示意

图 2.1-17　4 种水尺示意

水尺的水位观读精度一般记至 1 cm，图 2.1-19 中水尺的读数为 0.56 m。观测时，水面在水尺上的读数加上水尺零点的高程即为当时的水位值。可见水尺零点高程是一个重要的数据，要定期对校准水准点和各水尺的零点高程进行校核。

图 2.1-18　自记水位计

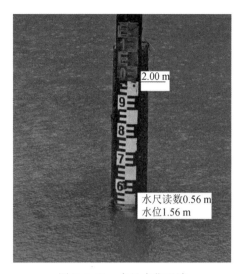

图 2.1-19　水尺水位观读

测流时,观测或摘录水位,应符合下列规定。

(1) 当测流过程中水位变化平稳时,可只在测流开始和终了各观测或摘录水位一次。

(2) 当测流过程中水位变化较大可能引起水道断面面积变化较大时,平均水深大于 1 m、断面面积变化超过 5%,或平均水深小于 1 m,断面面积变化超过 10% 的测站,应按能控制水位过程且满足相应水位计算的要求,增加观测或摘录水位的次数。

(3) 当测流过程可能跨过水位过程线的峰顶或谷底时,应增加观测或摘录次数。

2.1.6　流速仪法测验流程

以流速仪固定在测穿上的定船法为例,说明测流过程。

1. 准备工作

(1) 估算测流断面流速,选择合适流速仪。

(2) 准备秒表、测深装置、记载簿、分析图、计算器、记录笔等工具。

(3) 施测前检查流速仪、秒表是否正常,悬索运转是否正常,流速仪信号连接是否正常。

(4) 备齐安全设备。

2. 垂线布设

根据断面情况、流速分布情况,合理布置测速、测深垂线,测速、测深垂线的分布要能控制断面地形和流速分布的主要转折点,无大割大补,主槽垂线应较河滩为密。

3. 水道断面施测

(1) 装配好悬杆、悬索与绞车的连接部件,连接流速仪,量测并确定流速仪连接的位置,量测悬杆或绞车连接端至流速与旋桨轴的中心处,读数精确到毫米位。

(2) 测流开始先记录基本水尺水位(当基本水尺水位达到比降观测水位时,应做到上、下比降水尺水位同时观测),观测起测岸边起点距,记录测流开始时间、风向、风力、流向。

(3) 起点距与水深测量:

① 实测各测线起点距。

② 实测各垂线水深,当用悬索测深时悬索偏角大于 10°时,要测量悬索偏角,计算各垂线河底高程,点绘分析图,分析合理性。

③ 测深后,计算河底高程,进行测深合理性分析。

4. 流速测量

(1) 测得垂线水深后,按该垂线采用几点法测深的要求进行相对水深计算。

(2) 根据计算的相对水深,确定流速仪施测的测点位置,将流速仪固定在第一个测点位置上,开始掐秒,记信号数。当秒数超过 100 s 时,记录信号总数和总秒数,计算该测点流速,所有测点施测结束,计算垂线平均流速,点绘分析图,分析合理性。

(3) 测速流速仪可采用悬杆悬吊或悬索悬吊(当多数垂线的水深或流速较小时,宜采用悬杆悬吊),悬吊方式应使流速仪在水下呈水平状态,流速仪离船边的距离不小于 1.0 m,小船不应小于 0.5 m。

5. 现场点绘分析图

分析合理性,及时复测。

6. 结束观测

测流结束后观测水位,记录岸边起点距,记录测流结束时间。

7. 计算流量

计算流量。

8. 在站校核

在站进行校核。

9. 综合合理性分析

(1) 点绘水位或流量过程线图,对照检查各要素变化过程的合理性,检测测次布置能否满足要求,确定是否增加测次。

(2) 点绘流速横向分布图,分析流速合理性。

2.1.7 流速仪法测流的误差分析

采用流速仪法测量流量,误差来源分析包括下列几个方面:

(1) 起点距定位误差。

(2) 水深测量误差。

(3) 流速测点定位误差。

(4) 流速仪轴线与流线不平行导致的误差。

(5) 入水物干扰水流导致的误差。

(6) 计时误差。

(7) 流速仪率定本身的误差。

(8) 测验方案不完善导致的误差,主要包括在测点测速历时不足导致的流速脉动误差,垂线上测点数目不足导致的垂线平均流速计算误差,以及断面上测速垂线数目不足导致的误差。

(9) 测验过程操作不当导致的误差。

(10) 测验条件超出仪器使用范围导致的误差。

误差控制可采用下列措施：

（1）建立主要测验仪器、测具及有关测验设备装置的定期检查登记制度。

（2）按有关规定对仪器及时进行检定、校测和维护保养。

（3）按规范进行测宽、测深。

（4）采取有效措施，准确定位，减小流向偏角和测流设备的阻水力。

（5）测速时，宜使测船的纵轴与流线平行，并保持测船稳定。

（6）规范操作程序。

（7）完善测验方案。

（8）测验条件应符合仪器的使用范围。

2.1.8　流速仪的检查和养护

1. 流速仪的检查

在每次使用流速仪之前，应检查仪器有无污损、变形，仪器旋转是否灵活及接触丝与信号是否正常等。

常用流速仪在使用期内，应定期与备用流速仪进行比测，并应符合下列规定：

（1）比测次数可根据流速仪的性能、使用历时的长短及使用期间流速和含沙量的大小情况而定。当流速仪实际使用 $50\sim80$ h 时应比测一次。

（2）比测宜在水情平稳的时期和流速脉动较小、流向一致的地点进行。

（3）常用与备用流速仪应在同一测点深度上同时测速，并可采用特制的"U"形比测架，两端分别安装常用和备用流速仪，两仪器间的净距不应少于 0.5 m，在比测过程中，应变换相互比测仪器的位置。

（4）比测点不宜靠近河底、岸边或水流脉动强度大的地点。

（5）不宜将旋桨式流速仪与旋杯式流速仪进行比测。

（6）每次比测应包括较大、较小流速且分配均匀的 30 个以上的测点。比测相对偏差不超过 3%，比测条件差的不超过 5%，且系统误差能控制在 $\pm1\%$ 范围内时，常用流速仪可继续使用。超过上述偏差时，应停止使用，并查明原因，分析其对已测资料的影响。

（7）没有比测条件的站，仪器使用 2 年后应重新检定。

（8）当发现流速仪运转不正常或有其他问题时，应停止使用。超过检定日期 2 年的流速仪，虽未使用，亦应送检。

2. 流速仪的保养

（1）流速仪在每次使用后，应立即按仪器说明书规定的方法拆洗干净，并加仪器润滑油。

（2）流速仪装入箱内时，转子部分应悬空搁置。

（3）储藏备用的流速仪，易锈部件应涂黄油保护。

（4）仪器箱应放于干燥通风处，并应远离高温和有腐蚀性的物质。仪器箱上不应堆放重物。

（5）仪器所有的零附件及工具应随用随放还原处。

（6）仪器说明和检定图表、公式等应妥善保管。

2.2　浮标法

当使用流速仪测流有困难时,使用浮标测流是切实可行的办法。浮标法是通过测定水面或水中的人工或天然漂浮物随水流运动的速度来推求流量的一种测流方法。通过观测水流夹带浮标的移动速度求得水面虚流速,利用水面虚流速推求断面虚流量 Q_f,然后乘以浮标系数 K_f 得测流断面流量。

$$Q = Q_f \times K_f \tag{2.2-1}$$

由此可见,浮标测流的主要工作就是测定虚流量和确定浮标系数。

满足下列条件的断面,可采用浮标法测流:

（1）流速仪测速困难或超出流速仪测速范围和条件的高流速、低流速和小水深等情况的流量测验。

（2）垂线水深小于流速仪法中一点法测速的必要水深。

（3）水位涨落急剧,超过流速仪法适用范围,即水位涨落差大于平均水深的 10%。

（4）水面漂浮物太多,影响流速仪的正常旋转。

（5）出现分洪、溃口洪水。

浮标法测流应包括下列内容:

（1）观测基本水尺、测流断面水尺、比降水尺水位。

（2）投放浮标并观测每个浮标流经上、下断面间的运行历时,测定每个浮标流经中断面线时的位置。

（3）观测每个浮标运行期间的风向、风力（速）及应观测的项目。

（4）施测浮标中断面面积。

（5）计算实测流量及其他有关统计数值。

（6）检查和分析测流成果。

浮标测流法（图 2.2-1）包括水面浮标法、深水浮标法、浮杆法和小浮标法,这些方法的原理和操作方法基本相同,主要是采用的浮标不同而已。

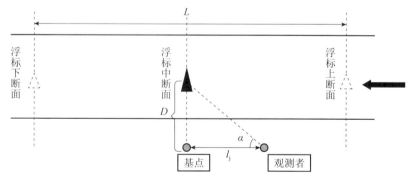

图 2.2-1　浮标测流

（1）当一次测流起讫时间内的水位涨落差大于平均水深的 10%,应采用均匀浮标法测流。均匀浮标法测流方案中有效浮标横向分布的控制部位,应按流速仪法测流方案的测速垂线数及其所在位置确定。多浮标测流方案中有效浮标横向分布的控制部位,应包含少浮标测流方案中有效浮标的控制部位在内。

(2)当洪水涨、落急剧,洪峰历时短暂,不能用均匀浮标法测流时,可用中泓浮标法测流。

(3)当浮标投放设备冲毁或临时发生故障,或河中漂浮物过多,投放的浮标无法识别时,可用漂浮物作为浮标测流。

(4)当测流断面内一部分断面不能用流速仪测速,另一部分断面能用流速仪测速时,可采用浮标法和流速仪法联合测流。

(5)深水浮标法和浮杆法测流适用于低流速的流量测验。测流河段应设在无水草生长、无乱石突出、河底较平整、纵向底坡较均匀的顺直河段。

(6)小浮标法测流适用于流速超出流速仪低速使用范围时的流量测验。当小水深仅发生在测流断面内的部分区域时,可采用小浮标法和流速仪法联合测流。

(7)风速过大,对浮标运行有严重影响时,不宜采用浮标法测流。

2.2.1 浮标法测流断面的布设

浮标法测流断面的布设除应执行 2.1.1 的要求外,还需满足如下要求:

(1)浮标法测验河段,顺直段的长度应大于上、下浮标断面间距的 2 倍,且各断面之间应有较好的通视及通信条件。

(2)浮标法测流的中断面宜与流速仪法测流断面、基本水尺断面重合。当受地形限制有困难时,可分别设置,但与流速仪法测流断面间不应有水量加入或分出。

(3)上、下浮标断面应平行于浮标中断面并间距相等,且其间河道地形的变化小;上、下浮标断面的距离应大于最大断面平均流速值的 50 倍;当受条件限制时,可适当缩短,但不得小于最大断面平均流速值的 20 倍。

(4)当中、高水位的断面平均流速相差悬殊时,可按不同水位级分别设置上、下浮标断面。

2.2.2 虚流量测量

根据浮标测流的基本原理可知,浮标测流的主要工作是测定虚流量和确定浮标系数,而测定虚流量最重要的一项工作就是测定垂线起点距以及虚流速。

1. 起点距测量

浮标法的起点距测量主要针对浮标经过中断面时的起点距,详细测量方法同 2.1.2 中的方法。现以经纬仪交会法为例,简单描述测量过程:

(1)在浮标上断面以上投放浮标,断面监视人员应在每个浮标到达断面线时及时发出信号,且上、中、下断面应分别安排监视人员。

(2)计时人员在收到浮标到达上、下断面线的信号时,及时开启和关闭秒表,正确读记浮标的运行历时,时间读数精确到 0.1 s,当运行历时大于 100 s 时,可精确至 1 s。

(3)仪器交会人员应在收到浮标到达中断面线的信号时,正确测定浮标的位置,记录浮标的序号和测量的水平角 α(见图 2.2-1),并按照下式计算起点距:

$$D = l_i \tan\alpha \qquad\qquad (2.2\text{-}2)$$

并应在每次测流交会最后一个浮标以后,将仪器照准原后视点校核一次,判断仪器位置未发生变动时,方可结束测量工作。

2. 虚流速测量

要准确地测得断面平均虚流速,首先是合理地确定浮标投放数的多少及其在横向分布上的控制部位,然后才是现场施测的技术要求。浮标法测流方案中浮标的投放数及其控制部位的确定,和流速仪法测流方案中测速垂线的布设原则是完全一致的(详见 2.1.3),既协调了与流速仪法测流方案的关系,又可节省制定测流方案的重复工作,并有利于后续浮标系数的试验。

2.2.3 水面浮标系数确定

浮标系数是影响浮标法测流成果精度的主要因素。因此,浮标系数应经过试验分析。

浮标系数是同水位流速仪法实测流量和浮标法实测流量的比值,当比测试验中两者的相应水位不等时,应将流速仪法实测流量换算为与浮标法测流同一相应水位的断面流量后,再计算浮标系数。将浮标法测流时间放在流速仪法测流时间的中间时段,可使两者的相应水位较为接近,可以减小流量换算的误差,提高浮标系数的精度。

当受条件限制,两种测流方法的测流时间只能或先或后安排时,则两者相应水位的差值必然增大,流量换算的误差也会随之增大。而某种测流方法总是在前或在后施测,将使涨水面或落水面上的流量改正值出现同一符号(正值或负值),计算得出的浮标系数可能产生定向性的系统误差,故用交换测流次序及交换次数相等的方法,消除可能产生的定向性系统误差。

(1)对水面浮标系数的试验,有条件比测试验的测站,应以流速仪法测流和浮标法测流进行比测试验;无条件比测试验的测站,可采用水位流量关系曲线法和水面流速系数法确定浮标系数。浮标系数应由断面流量除以断面虚流量,或由断面平均流速除以断面平均虚流速,或断面平均流速除以中泓、漂浮物浮标流速。

(2)水面浮标系数的试验关系曲线不应过多外延,应逐年积累资料,增大比测试验的水位变幅。高水部分应包括不同水位和风向、风力(速)等情况的试验资料,试验次数应大于 20次。

水面浮标系数的比测试验应符合下列规定:

(1)对各种浮标法测流方案的浮标系数,应分别进行试验分析。

(2)浮标测流的时间应放在流速仪法测流时间的中间时段。当受条件限制不能放在中间时段时,应在多次试验中的涨、落水面分别交换流速仪测流和浮标法测流的先后次序,且交换的次数宜相等。

(3)断面浮标系数的比测试验,各有效浮标在横向上的控制部位应和流速仪各测速垂线的布设位置彼此相应。当从多浮标、多测速垂线的比测试验资料中抽取各种有限浮标数和相应的有限测速垂线数的测验成果计算各种试验方案的浮标系数时,应按各种试验方案所选用的有限浮标数,分别绘制浮标流速横向分布曲线查读虚流速,不得仅绘一次多浮标流速横向分布曲线图,应反复查读不同抽样方案的虚流速。高水部分应当包括不同水位和风向、风力等情况的试验资料,试验次数应大于 20次。

（4）中泓浮标系数和漂浮物浮标系数的试验宜按高水期流速仪法测流所选用的一种测流方案做对比试验，并可与断面浮标系数的试验结合进行。当其他时间用流速仪法测流时，遇有可供选择的漂浮物，可及时测定其流速，供做漂浮物浮标系数分析。

（5）当高水期进行浮标系数的比测试验有困难时，可采用代表垂线进行浮标系数的试验分析。试验方法和技术要求应符合下列规定：

根据流速仪实测流量资料，可建立 1～3 条代表垂线平均流速的平均值和断面平均流速的关系曲线，并选用其中一条最佳关系曲线确定代表垂线。对于不同测流方案的浮标系数，应分别确定各自的代表垂线。

在选用的代表垂线上，应采用流速仪施测垂线平均流速，并通过已定的关系曲线转换为断面平均流速，并应按均匀浮标法和中泓、漂浮物浮标法测流的有关规定施测浮标流速，采用断面虚流量除以断面面积计算断面平均虚流速。

代表垂线法试验得出的浮标系数应与断面浮标系数或中泓、漂浮物浮标系数的试验成果一起进行综合分析。当变化趋势与测站特性相符时，可作为正式试验数据使用。

高水期代表垂线位置随水位变动频繁的站不宜采用代表垂线法试验浮标系数。

在未取得浮标系数试验数据之前，根据测验河段的断面形状和水流条件，在下列范围内选用浮标系数：

① 一般情况下，湿润地区的大、中河流可取 0.85～0.90，小河可取 0.75～0.85；干旱地区的大、中河流可取 0.80～0.85，小河可取 0.70～0.80。

② 特殊情况下，湿润地区可取 0.90～1.00，干旱地区可取 0.65～0.70。

③ 对于垂线流速梯度较小或水深较大的测验河段，宜取较大值；垂线流速梯度较大或水深较小者，宜取较小值。

2.2.4　流量计算

根据每个浮标的虚流速及浮标通过中断面的起点距，在中断面图上绘制虚流速分布图，由于每个浮标经过中断面时的起点距不是固定的，不能直接求出断面各垂线上的虚流速，要在虚流速分布图上内插求得，然后根据断面垂线的起点距、水深和内插求得的虚流量，算出测流断面虚流量，再乘以浮标系数，即得测流断面流量。

1. 均匀浮标法实测流量

（1）每个浮标的流速应按下式计算：

$$V_{fi} = \frac{L_f}{t_i} \qquad (2.2\text{-}3)$$

式中：V_{fi}——第 i 个浮标的实测浮标流速，$m \cdot s^{-1}$；

　　L_f——浮标上、下断面间的垂直距离，m；

　　t_i——第 i 个浮标的运行历时，s。

（2）测深垂线和浮标点位的起点距，可按经纬仪交会法的方法计算。

（3）绘制浮标流速横向分布曲线和横断面图（图 2.2-2）。应在水面线的上方，以纵坐标为浮标流速，横坐标为起点距，点绘每个浮标的点位，对个别突出点应查明原因，属于测验错误则予舍弃，并加注明。当测流期间风向、风力（速）变化不大时，可通过点群重心勾绘一条浮标流速横向分布曲线。当测流期间风向、风力（速）变化较大时，应适当照顾到各个浮标的点位勾绘分布曲线。勾绘分布曲线时，应以水边或死水边界作起点和终点。

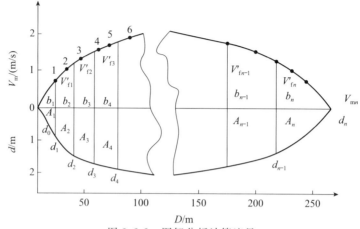

图 2.2-2　图解分析计算流量

V_{fi} 为垂线虚流速 m·s^{-1}，系分布曲线上查读值；d 为垂线水深（m）；
b 部分水面宽（m）；A 为部分面积（m^2）；D 为起点距（m）

（4）在各个部分面积的分界线处，从浮标流速横向分布曲线上读出该处的虚流速。

（5）部分平均虚流速、部分面积、部分虚流量、断面虚流量的计算方法与流速仪法测流的计算方法相同。

（6）断面流量按式 2.2-1 计算。

2. 中泓浮标法、漂浮物浮标法实测流量

（1）中泓浮标法实测流量应按下式计算：

$$Q = K_{mf} A_m V_{mf} \tag{2.2-4}$$

式中：K_{mf}——中泓浮标系数；

　　　A_m——过水断面面积；

　　　V_{mf}——中泓浮标流速的算术平均值。

（2）漂浮物浮标法实测流量应按下式计算：

$$Q = K_{ff} A_m \overline{V_{ff}} \tag{2.2-5}$$

式中：K_{ff}——漂浮物浮标系数；

　　　$\overline{V_{ff}}$——漂浮物浮标流速的算术平均值。

2.2.5　浮标法、流速仪法联合测流实测流量

（1）应分别绘制出滩地部分的垂线平均流速和主槽部分的浮标流速横向分布曲线图，或滩地部分的浮标流速和主槽部分的垂线平均流速横向分布曲线图。对于滩地和主槽边界处浮标流速与垂线平均流速的横向分布曲线互相重叠的一部分，在同一起点距上两条曲线查出的流速比值，应与试验的浮标系数接近。当差值超过 10% 时，应查明原因。当能判定流速仪测流成果可靠时，可按该部分的垂线平均流速横向分布曲线，并适当修改相应部分的浮标流速横向分布曲线，使两种测流成果互相衔接。

（2）应分别按流速仪法和浮标法实测流量的计算方法计算主槽和滩地部分的实测流量，两种部分流量之和为全断面实测流量。

2.2.6　深水浮标实测流量的计算

按各个测点的平均历时去除上、下断面间距计算测点平均流速，按照均匀浮标法计算断面流量。

2.2.7　小浮标实测断面流量

可由断面虚流量乘断面小浮标系数计算。每条垂线上小浮标平均流速可由平均历时去除上、下断面间距计算。断面虚流量可按 2.2.4 的方法计算。

2.2.8　其他项目观测

（1）基本水尺、测流断面水尺水位可在测流开始和终了时各观测一次。当测流过程可能跨越峰顶或峰谷时，应在峰顶或峰谷加测水位一次，并应按均匀分布原则适当增加测次，控制洪水的变化过程。

（2）风向、风力（速）的观测应在每个浮标的运行期间进行。当风向、风力（速）变化较小时，可测记其平均值；当变化较大时，应测记其变化范围。当用仪器观测风向、风速时，应将仪器置放在能代表测流河段水面附近的风向、风速的地点进行观测。风向应依水流方向自右至左测记，平行于水流方向的顺风记为 0°，逆风记为 180°，垂直于水流方向来自右岸的记为 90°，来自左岸的记为 270°。当目测风力、风向时，可按现行国家标准《水位观测标准》（GB/T 50138—2010）的有关规定测记。

（3）对天气现象、漂浮物、风浪、流向、死水区域及测验河段上、下游附近的漫滩、分流、河岸决口、冰坝壅塞、支流、洪水情况均应进行观察和记录。

2.2.9　浮标法测验流程

1. 均匀浮标法测流流程

（1）准备工作

① 准备工具：经纬仪（全站仪）、浮标、秒表、记载簿、对讲机、铅笔、计算器。

② 根据断面情况、流速分布情况，合理布置测速、测深垂线，测速、测深垂线分布要能控制断面地形和流速分布的主要转折点，无大割大补，主槽垂线应较河滩为密。

（2）流量施测

① 测流开始前记录基本水尺水位（当基本水尺水位达到比降观测水位时，应做到上、下比降水尺水位同时观测），观测起测岸边起点距，记录测流开始时间、风向、风力、流向。

② 投放浮标。在全断面均匀地投放浮标，有效浮标的控制部位宜与测流方案中所确定的部位一致，应自一岸顺次投放至另一岸，当水情变化急剧时，可先在中泓部位投放，再在两侧投放。

③ 浮标运行历时的测记。计时人员应在收到浮标达到上、下断面线的信号时，及时开启和关闭秒表，正确读记浮标的运行历时，时间读数精确至 0.1 s；当运行历时大于 100 s 时，可精确至 1 s。

④ 浮标位置的确定。仪器交会人员应在收到浮标到达中断面线的信号时,正确测定浮标的位置,记录浮标的序号和测量的角度,计算出响应的起点距。

⑤ 观测每个浮标运行期间的风向、风力(速)及应观测的项目。

⑥ 测流断面的选择。当采用水面浮标法测流时,宜同时施测断面。当人力、设备不足,或水情变化急剧时,可按下列要求选择断面:

a. 断面稳定的测站,可直接借用临近测次的实测断面。

b. 断面冲淤变化较大的测站,可抢测冲淤变化较大部分的几条垂线水深,结合已有的实测断面资料分析确定。

⑦ 绘制浮标流速横向分布曲线图及横断面图。

⑧ 分析突出点。

⑨ 读取虚流速。

⑩ 选择合适的浮标系数。

⑪ 计算实测流量。

⑫ 综合合理性分析。

⑬ 在站校核。

2. 中泓浮标法测流流程

(1) 准备工作

准备工具:经纬仪(全站仪)、浮标、秒表、记载簿、对讲机、铅笔、计算器。

(2) 流量施测

① 测流开始前记录基本水尺水位(当基本水尺水位达到比降观测水位时,应做到上、下比降水尺水位同时观测),观测起测岸边起点距,记录测流开始时间、风向、风力、流向。

② 投放浮标。在浮标上断面一定距离的中泓部位投放 3～5 个浮标,应使投放的浮标在到达上断面之前能转入正常运行(特殊情况下观察漂浮物,注明漂浮物类型、大小、估计的出水高度和入水深度)。

③ 浮标运行历时的测记。计时人员应在收到浮标达到上、下断面线的信号时,及时开启和关闭秒表,正确读记浮标的运行历时,时间读数精确至 0.1 s;当运行历时大于 100 s 时,可精确至 1 s。

④ 观测浮标运行期间的风向、风力(速)。

⑤ 测流结束记录测流结束时间及水位。

⑥ 测流断面的选择。当采用水面浮标法测流时,宜同时施测断面。当人力、设备不足,或水情变化急剧时,可按下列要求选择断面:

a. 断面稳定的测站,可直接借用临近测次的实测断面。

b. 断面冲淤变化较大的测站,可抢测冲淤变化较大部分的几条垂线水深,结合已有的实测断面资料分析确定。

⑦ 选择 2～3 个运行正常,最长和最短运行历时之差不超过最短历时 10% 的浮标计算流速。

⑧ 选择合适的浮标系数。

⑨ 计算实测流量。

⑩ 综合合理性分析。

⑪ 在站校核。

3. 小浮标法测流流程

（1）准备工作

① 准备工具：浮标、秒表、记载簿、对讲机、铅笔、计算器。

② 在测流断面上、下游设置两个等间距的辅助断面，上、下断面间距不少于 2 m，并与中断面平行。

③ 根据断面情况、流速分布情况，合理布置测速、测深垂线，测速、测深垂线分布要能控制断面地形和流速分布的主要转折点，无大割大补，主槽垂线应较河滩为密。

（2）流量施测

① 测流基本断面水尺水位，需要时观测临时测流断面水位，观测起测岸边起点距，记录测流开始时间、风向、风力、流向。

② 投放浮标，观测每个浮标流经上、下断面间的运行历时，每个位置至少重复投放两次（浮标运行历时不短于 10 s）。

③ 测定浮标流经测流断面的起点距及同一位置的水深。

④ 选择小浮标系数。

⑤ 现场点绘分析图，做合理性分析，及时复测。

⑥ 测流结束，记录测流结束时间及水位，结束岸边起点距测量。

⑦ 计算实测流量。

⑧ 在站校核。

⑨ 综合合理性分析。

2.2.10　浮标法测流的误差分析

1. 误差来源

（1）浮标系数采用误差。

（2）断面借用或断面测量的误差。

（3）只用全断面浮标法时，浮标分布不均匀或有效浮标过少，导致浮标流速横向分布不准确而产生的误差。

（4）在使用深水浮标或浮标测流的河段内，沿程水深变化较大引入的误差。

（5）浮标观测误差。

（6）计时误差。

（7）浮标制作误差。

（8）风向、风速对浮标运行的影响而导致的误差。

2. 误差控制

（1）加强浮标系数试验分析。

（2）条件允许时尽量采用实测断面，并按有关测宽、测深规定控制断面测量误差。

（3）使用全断面浮标法时，控制好浮标数量及横向分布位置，使浮标流速横向分布曲线具有较好的代表性。

（4）用精度较高的秒表计时，并经常检查，消除计时系统误差。

2.3 走航式声学多普勒流量测量

走航式声学多普勒流速仪通过向下或向上发射高频超声波(1000 kHz 以上),接收不同水深处的反射波,根据各自的多普勒频率,采用矢量合成方法,测得每一条垂线上各点的流速。将仪器驶过整个断面,就能测得整个断面的流速分布,并能计算全断面流量,可实现断面流量测量的自动化。

一般由声学多普勒流速仪、计算机设备、电源和数据处理软件等组成。根据需要,可连接 GPS、外部罗经、测深仪等外接设备。

水利部长江水利委员会水文局 20 世纪 90 年代初率先引进走航式声学多普勒流速仪,开展了感潮河段流量测验。目前国内已引进了大量的声学多普勒流速仪,并已陆续用于复杂流态条件下的流量测验实验或工程设计、建设、运行服务。

2.3.1 走航式声学多普勒流量测验的要求

走航式流量测验是将声学多普勒流速仪固定安装在测船(或其他载体)上,沿断面横渡,换能器探头向河底发射声波进行流量测验的方法。

声学多普勒流速仪的频率和水深成反比,频率越高,测到的水深越小。声学多普勒流速仪信号对水体含沙量非常敏感,同样频率的仪器,在含沙量高的河流测得的水深要比含沙量低的河流小。水深大、流速大、含沙量高的河流,宜选用频率较低的设备

要取得满意的测验效果,声学多普勒流速仪测验参数的设置至关重要。对于常测站可以根据不同的上游、下游来水来沙条件或不同的潮型进行参数优化试验,以取得不同条件下的参数配置,也可以在某一测区内取典型断面进行参数优化处理,其优化成果可作为相似水流条件的断面流量测验参数设置的参考依据。

2.3.2 流量测验

1.现场操作

(1)声学多普勒流速仪安装完成后,测试前要对仪器进行自检。自检就是运行自检程序,对仪器进行内部诊断,测试电路和传感器,并查看其内部设置,并记录自检结果。

如果仪器不能通过自检,则应查阅声学多普勒流速仪的技术手册、软件手册,确定可能存在的问题,采取相应的措施。若问题仍不能得到解决,则要及时与生产厂家或其服务代表处联系。

(2)声学多普勒流速仪测量流速分两步进行:水体测量及底跟踪。水体测量是测量水体相对于仪器的速度,称为相对流速。底跟踪是测量仪器相对于河底的运动速度。仪器用测得的底跟踪速度及相对流速计算流速、流量。如果有底沙运动,仪器就不能准确地进行底跟踪。此时,测量的底跟踪速度存在偏差,从而影响了流速、流量的计算。所以需外接 GPS,用以代替底跟踪。

（3）底沙运动检测方法是将作业船保持在某一固定位置上 10 min 以上，当测船保持在这一固定位置时，可通过流量测验软件检查测船是否存在向上游的"虚拟"运动，如果有则表示河底存在底沙运动。

（4）当测流断面水深大、含沙量高时，底跟踪可能失效。

（5）每个深度单元水跟踪脉冲采样数和底跟踪脉冲采样数（或脉冲间时间间隔）可根据断面宽窄、水深进行设置，并遵循断面窄脉冲采样数小、断面宽脉冲采样数大、水深大脉冲采样数小、水深小脉冲采样数大的原则。

（6）对于新设断面或河床冲淤变化较大的断面可先按照水深较大的假设进行初步参数设置，然后进行一次测量，以确定上述参数。对于常测站可以根据不同的上游、下游来水来沙条件或潮型进行参数配置试验，以取得不同条件下的参数配置；对于水流条件相似的测站，可在测区内取典型断面进行参数配置试验，其试验成果可供其他断面借用。

将配置文件与原始数据文件储存在计算机的同一个文件目录内，便于原始数据文件回放和后处理时对参数的引用。

（7）测船应沿预定断面航行，船不应有大幅度摆动。既要防止测船偏离断面航线，又要避免航向急剧改变。为了取得较好的成果，测船横渡速度最好接近于或略小于水流速度。由于断面上的水流速度有横向变化，为了保持测船在断面上平稳地航行，应主要依靠调整舵的方位，尽可能不采用调整航速的方法。当采用 GPS 测量船速时，应尽量保持测船低速航行。这是因为罗经标定不准确造成的流速测量误差是累加的，并随着船速增加。

（8）图 2.3-1 为测船进入断面的航向示意图。

（9）正常速度指测船以接近或略小于水流速度横渡的速度，为了正确地估算岸边流量，通常的做法是在断面的起点稳住测船施测 4～5 组数据，再横渡断面，到达终点后，稳住测船再测 4～5 组数据，然后结束测量。

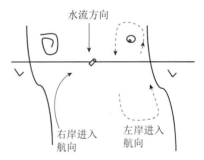

图 2.3-1　声学多普勒流速仪
走航测验航向示意

（10）声学多普勒流速仪在水面部分、近水底部分及两岸边部分不能实测，称为上、下盲区和左、右盲区。为与我国传统方法衔接，只引入上、下盲区的概念，左、右部分仍称岸边流量。上、下盲区流量可用合适的流速分布曲线来推算。

（11）软件依据第一次和最后一次测量的有效流速和深度，以及岸边系数和水边距离计算岸边流量。

2. 流量测验

（1）流量相对稳定时，应进行两个测回断面流量测量，取均值作为实测流量值。

（2）（潮）流量在短时间内变化较大时，可适当减少测回。宜完成一个测回，特殊情况可只测半测回，但应做出说明。

（3）对于河口区宽阔断面，同一断面宜采用多台仪器分多个子断面同步测验的方案。

3. 流速流向测验

垂线流速流向测验时间是根据长江流域的声学多普勒流速仪脉动误差比测试验确定的。当采样次数超过 30 次时(对应时间为 30 s),脉动误差已小于 3%,且趋于稳定。

实测流速流向的计算可采用厂家提供的流量测验软件进行或自行编制软件进行。

根据垂线各测点流速分别计算东西方向与南北方向平均流速分量,据以计算垂线平均流速流向。

(1)将测点流速分解为东西方向及南北方向的速度分量,按式下式计算:

$$V_E = V \times \sin\alpha \qquad\qquad (2.3\text{-}1)$$

$$V_N = V \times \cos\alpha \qquad\qquad (2.3\text{-}2)$$

式中:V——测点流速;

$\quad V_E$——东西方向速度分量;

$\quad V_N$——南北方向速度分量;

$\quad \alpha$——流速方位角。

(2) 加权法计算垂线的 V_{Em} 与 V_{Nm}:

① 六点法:

$$V_{Em} = \frac{1}{10}(V_{0.0E} + 2V_{0.2E} + 2V_{0.4E} + 2V_{0.6E}) + 2V_{0.8E} + 2V_{1.0E} \qquad (2.3\text{-}3)$$

$$V_{Nm} = \frac{1}{10}(V_{0.0N} + 2V_{0.2N} + 2V_{0.4N} + 2V_{0.6N} + 2V_{0.8N} + 2V_{1.0N}) \qquad (2.3\text{-}4)$$

② 五点法:

$$V_{Em} = \frac{1}{10}(V_{0.0E} + 3V_{0.2E} + 3V_{0.6E} + 2V_{0.8E} + V_{1.0E}) \qquad (2.3\text{-}5)$$

$$V_{Nm} = \frac{1}{10}(V_{0.0N} + 3V_{0.2N} + 3V_{0.6N} + 2V_{0.8N} + V_{1.0N}) \qquad (2.3\text{-}6)$$

③ 三点法:

$$V_{Em} = \frac{1}{3}(V_{0.2E} + V_{0.6E} + V_{0.8E}) \qquad (2.3\text{-}7)$$

$$V_{Nm} = \frac{1}{3}(V_{0.2N} + V_{0.6N} + V_{0.8N}) \qquad (2.3\text{-}8)$$

或

$$V_{Em} = \frac{1}{4}(V_{0.2E} + 2V_{0.6E} + V_{0.8E}) \qquad (2.3\text{-}9)$$

$$V_{Nm} = \frac{1}{4}(V_{0.2N} + 2V_{0.6N} + V_{0.8N}) \qquad (2.3\text{-}10)$$

(3) 矢量法计算垂线的平均流速及流向:

$$V_m = \sqrt{(V_{Em}^2 + V_{Nm}^2)} \qquad (2.3\text{-}11)$$

$$\alpha_{流向} = \arctan\left(\frac{V_{Em}}{V_{Nm}}\right) \qquad (2.3\text{-}12)$$

2.3.3　流量计算

1. 中部平均流量

每一微断面内中部平均流速由声学多普勒流速仪直接测出,其值为所有有效单元所测流速之平均。x 方向分量(y 方向分量类似):

$$V_{xM} = \frac{1}{n}\sum_{j=1}^{n} u_{xj} \tag{2.3-13}$$

式中:u_{xj}——单元 j 中所测的 x 方向流速分量。

对应于声学多普勒流速仪走航测量起点和终点之间断面的中部流量:

$$\begin{aligned} Q_M &= \sum_{i=1}^{m}\sum_{j=1}^{n} f_j D_c \Delta t \\ &= \sum_{i=1}^{m}\left[(V_{xM}V_{by} - V_{yM}V_{bx})\right]_i (Z_2 - Z_1)_i \Delta t \end{aligned} \tag{2.3-14}$$

2. 岸边流量估算

近河岸两侧区域内流量的精确估算要求应正确选用岸边区形状系数,准确测量从岸边至每次断面流量测验的起点和止点的距离。如果采用五次或更多次的流速测量值,近河岸区流量估算值比较可靠。

对于岸边非实测区域,可以利用经验方法估算流速和流量。

(1)岸边区域平均流速:

$$V_a = \alpha V_m \tag{2.3-15}$$

式中:V_a——岸边区域平均流速;

V_m——起点微断面(或终点微断面)内的深度平均流速;

α——岸边流速系数,可通过比测实验获得。

(2)岸边流量:

$$Q_{NB} = \alpha A_a V_m \tag{2.3-16}$$

式中:Q_{NB}——岸边流量;

A_a——岸边区域面积。

3. 上下盲区流量估算

上下盲区流量应选择正确的外推方法,即可用幂函数流速剖面或常数流速剖面的假定来推算表层或底层平均流速及流量。

施测时,应在测区选择具有代表性的位置采用流速流向仪按十一点法施测,确定正确的外推方法和系数。

(1)采用幂函数流速剖面方法时应符合下列规定:

① 明渠均匀流流速在垂向上的分布可由下式计算流速:

$$\frac{u}{u_*} = 9.5\left(\frac{z}{z_0}\right)^b \tag{2.3-17}$$

式中:u——离河底高度 z 处的流速;

u_*——河底摩阻流速；

z_0——河底粗糙高度；

b——经验常数（通常取 $b=1/6$）。

② 对应于声学多普勒流速仪走航测量起点和终点之间断面的表层流量为

$$Q_T = \sum_{i=1}^{m} \left[\frac{\Delta t D_c (H^{b+1} - Z_2^{b+1})}{(Z_2^{b+1} - Z_1^{b+1})} \sum_{j=1}^{n} f_j \right]$$

$$= \sum_{i=1}^{m} (V_{xT} V_{by} - V_{yT} V_{bx})_i (H - Z_2)_i \Delta t \tag{2.3-18}$$

③ 底层流量为

$$Q_B = \sum_{i=1}^{m} \left[\frac{\Delta t D_c Z_i^{b+1}}{(Z_2^{b+1} - Z_1^{b+1})} \sum_{j=1}^{n} f_i \right]$$

$$= \sum_{i=1}^{m} (V_{xB} V_{by} - V_{yB} V_{bx})_i (Z_1)_i \Delta t \tag{2.3-19}$$

（2）当逆流风、温度梯度、含盐量梯度造成剪切流速剖面时可采用常数方法。

① 常数流速剖面方法假定表层流速（或 f 值）为常数，其值等于第一个深度单元的流速（或值），则微断面内表层平均流速 x 方向分量（y 方向分量类似）为

$$V_{xT} = u_{x,first} \tag{2.3-20}$$

② 底层流速（或 f 值）也假定为常数，其值等于最后一个有效单元的流速（或 f 值），则微断面内底层平均流速 x 方向分量（y 方向分量类似）为

$$V_{xB} = u_{x,last} \tag{2.3-21}$$

③ 对应于声学多普勒流速仪走航测量起点和终点之间断面的表层流量为

$$Q_T = \sum_{i=1}^{m} (u_{x,first} V_{by} - u_{y,first} V_{bx})_i (H - Z_2)_i \Delta t \tag{2.3-22}$$

④ 底层流量为

$$Q_B = \sum_{i=1}^{m} (u_{x,last} V_{by} - u_{y,last} V_{bx})_i (Z_1)_i \Delta t \tag{2.3-23}$$

2.3.4 走航式声学多普勒测验流程

1. 测次布设

应符合 GB 50179—93 及测站任务要求，满足推算各项特征值要求。

2. 仪器选用要求

应根据所测断面的水深、流速和含沙量等情况选用合适频率的声学多普勒流速仪。搭载外接设备应符合 SL 377—2006 的要求。

3. 设备安装（测验）方式

（1）三体船装载 ADCP，适用于水文测船、人工涉水或桥梁、水文缆道拖带施测。在保障设备安全前提下优先采用，可利用水文测船、人工涉水或桥梁、水文缆道拖带施测。

（2）水文测船固定安装 ADCP，适用于水流湍急、三体船容易侧翻情况。

（3）遥控船装载 ADCP，适用于流速<2 m/s、河面宽度<200 m 情况。

4.测量前准备

（1）检查 ADCP 主机及配件、安装支架、三体船、救生衣、警示服、安全绳、对讲机等设备是否齐全。

（2）仪器是否有污损、变形等。

（3）供电系统输出电压是否符合仪器标称要求。

（4）调试对讲机及检查笔记本电量是否满足使用要求。

（5）设备安装检查。仪器安装完成后，应对所有电缆、电路连接进行检查。

（6）软件调试

① 启动 ADCP 软件（计算机已开机），进行系统测试，检查电池电压、内存（或记录器）、温度传感器、罗盘、姿态仪和换能器等。

② 更换地点进行测量时应对使用的罗经进行校验。

③ 根据现场条件对仪器参数进行设置。连接系统，对仪器进行自检，记录自检结果，并对使用的罗经进行校验。

5.现场测量

（1）开始测量

① 数据采集前，在声学多普勒流速仪测验记载表中记录断面位置、测量日期、设备、配置文件和测量软件版本等信息。

② 每次测验前，应根据现场条件对仪器参数进行设置。

（2）开始河岸

① 记录时间、水位，输入岸别（左岸还是右岸）、距岸距离、岸边系数。

② 在起点位置收集 10 组数据之后，开始走航。

（3）走航过程

① 施测过程中，操作人员应关注数据采集是否正常，航迹是否偏离，及时清理缠绕探头的漂浮物。

② 测船横渡速度宜接近或略小于水流速度。

③ 低枯流量时，航行速度应尽量放缓，水文测量船应尽量远离 ADCP，减少测船对天然流态的干扰。

④ 除特殊水情外，ADCP 轨迹宜尽量保持与流速仪测流断面重合。

⑤ 在水深满足 ADCP 范围的前提下，起始位置与结束位置应尽量靠近岸边，往返测量的位置应保持一致。

⑥ 换能器不应露出水面，不应有漂浮物缠绕。

（4）结束河岸

在终点位置收集 10 组数据之后，输入岸别（左岸还是右岸）、距岸距离、岸边系数，记录时间、水位,结束走航。

（5）返测

半测回结束后,返测至开始河岸,该测回结束后,可开始下一测回。测回要求:

① 水情平稳、流量相对稳定时,应进行两个测回断面流量测流。

② 短时间流量变化较大时,可进行一个测回。

6. 现场数据分析

（1）按软件"回放"模式对每组原始数据进行审查,保证数据的完整性、正确性以及参数设置的合理性。

（2）计算实测区域占整个断面的百分率,记录湍流、涡流、逆流及仪器与铁磁物理的靠近程度等可能影响测量结果的现场因素,以此来评价流量测量的质量。

（3）计算所测流量平均值和各半测回流量与平均值的偏差。水情平稳时,偏差小于5%,则以平均值作为实测流量;否则应增加测回,并剔除偏差大于5%的流量后再重新计算,直至各半测回流量偏差小于5%为止。

7. 成果文件编制及输出

（1）声学多普勒流速仪数据采集最终生成一个标准输出文件,该文件包含配置信息和流量测验的概要资料,即测流断面上每一测点处的宽度、水深、面积、平均速度和流量。可根据需要生成 ASCII 文件。宜将原始数据和配置文件复制作为永久性存储保存。

（2）流量测验文件名应由断面名和流水号组成,相应的 GPS、罗经及测流仪数据应按流量测验文件名流水号及类型编制。

（3）测量成果整理应符合声学多普勒流量测验规范要求。

（4）测量测验成果应使用声学多普勒流速仪专用流量测验记录表,将软件系统形成数据文件中的测量数据转置到声学多普勒流速仪专用流量测验记录表中,然后输出记录表。

8. 单站合理性检查

（1）点绘水位流量关系图,检查分析其变化趋势。

（2）点绘水位或流量过程线图,对照检查各要素变化过程的合理性,检测测次布置能否满足要求,确定是否增加测次。

9. 校核

当日完成一校、二校工序。

2.3.5 声学多普勒测流的误差分析

1. 误差来源

（1）船速测量误差。

（2）仪器安装偏角产生的误差。

（3）流速脉动引起的流速测量误差。

（4）水位、水深、水边距离测量误差。

（5）采用流速分布经验公式进行盲区流速插补产生的误差。

（6）仪器入水深度测量误差。

（7）水位涨落率大时，相对的测流历时较长所引起的流量误差。

（8）仪器检定误差。

2. 误差控制

（1）受"动底"影响的测验河段，可采用差分 GPS 取代底跟踪测量船速。

（2）无法避开水草的测流断面，宜采用定点多垂线法。

（3）换能器应安装牢固，入水深度准确测量，避免输入错误。

（4）岸边距离宜采用激光测距仪或卷尺准确测量，不宜采用目估方法。

（5）应正确选择岸边形状系数或岸边流量系数。

（6）应正确选择表层和底层盲区流速外延模型，可采用 1/6 幂函数定律，不宜改变幂指数或采用其他流速外延模型，注意双向流影响。

（7）应根据换能器频率进行盲区设定，盲区值不应设定太小。

（8）测流软件中应输入正确的偏角校正值。

（9）应选择适当的工作模式。

（10）应根据换能器频率、最大水深或最大单元数（MN），设定单元长度（MS）值。

（11）测验总历时不应小于 12 min，且至少进行 2 个测次（一个测回）。

3. 精度要求

在投入使用前，应与转子式流仪法资料进行对比分析，并编写报告。走航式流量测验分析报告格式见附录 A。

比测分析报告应包括下列各项内容：

（1）测验河段水文特性。

（2）测站特征等测站基本概况。

（3）试验内容与资料收集方法。

（4）使用的仪器设备情况。

（5）流量测验参数设置。

（6）误差分析。

（7）问题与解决办法。

（8）申报使用范围、方法。

（9）质量保证措施等。

对流量测验中可能产生的误差，应采取措施将其消除或控制在最低限度内：

（1）对噪声引起的流速误差和流速脉动引起的流速测量误差宜采用含 30 个脉冲的数据组的平均值。

（2）宜通过试验分析，选取合适的垂线经验公式进行盲区流速插补。

（3）应执行有关测深、测宽的技术规定，并经常对测深、测宽设备进行检查和校准。

（4）声学多普勒流速仪应定期进行校准。

2.3.6　声学多普勒流速仪的检查与保养

1. 检查

一般情况下声学多普勒流速仪压力容器可只进行外观检查。由于核心部件在压力容器内,压力容器检查应由经培训的技术人员完成。

(1)每次测量结束后应对声学多普勒流速仪进行检查。

(2)应根据需要及时进行系统软件升级与硬件维护。较大的硬件、软件升级应进行必要的比测。

(3)每年应在汛前定期对声学多普勒流速仪进行一次全面系统的检查,包括仪器设备检修和精度检测两部分。

(4)仪器设备检修应包括探头检查、防腐蚀部件检查、电缆(信号)线检查,并应符合下列规定:

① 探头表面有附着物时,应用光滑的软布清水小心拭去;有明显的裂痕或较深的划痕时,应检验是否影响测验精度。

② 防腐蚀部件腐蚀严重时,应更换新的部件。

③ 电缆(信号)线破损、漏电时,应维修或更换。

(5)仪器精度检测应符合下列规定:

① 应运行声学多普勒流速仪自检软件,测试各项功能并记录。

② 应与流速仪法比测。声学多普勒流速仪施测两个测回流量,其算术平均值作为声学多普勒流速仪测得的一次流量,将该流量与流速仪常测法测得的流量相比较,结果偏差在±5%范围内时,仪器可继续使用,若超过上述偏差,应分析查明原因。

③ 对需要施测流速流向的测站,应进行流速流向比测。用流速流向仪施测断面流速大小范围内 30 点以上的点流速、流向,每点历时 100 s;用声学多普勒流速仪在相同位置定点施测流速流向,历时 30 s。当流速比测结果的相对系统误差在±1%以内,且随机不确定度不超过 3.0%时,流速比测合格。当流向偏差不超过±5″时,流向比测合格。当比测条件比较差时,流速比测的相对系统误差可放宽到±1.5%以内,随机不确定度可放宽到 5.0%,流向偏差可放宽到±10″。

④ 测深精度比测可采用与测深仪同步的测验断面,并比较平均河底高程或平均水深。若存在系统误差,则应进行校正。

2. 保养

(1)声学多普勒流速仪每次使用后,应立即按仪器说明规定的方法,用清水冲洗仪器的换能器,供电系统按规定做好保养。

(2)仪器的电缆线应放在专用箱中且保持自然状态,不应有扭曲变形。

(3)仪器设备应放在通风干燥处,并应远离有腐蚀性的物质,仪器和设备上不应堆放重物。

(4)仪器所有零件工具应随用随放原处,仪器说明书和档案表应存档。

(5)野外作业时,应避免传感器长时间暴晒。

附录 A 记载表

附表 2.1-1 _____ 站测深、测速记载及流量计算(一)(畅流期流速仪法)

施测时间: 年 月 日 时 分至 时 分 分(平均): 日 时 分 天气: 风向风力: 第 页 共 页

流速仪牌号及公式: 检定或比测后使用小时数: 起点距计算公式: 停表牌号: 流向:

垂线号数	测深 角度/(°)	测速 起点距/m	测流断面水位 时间 测深	测流断面水位 时间 测速	基本水尺水位/m	悬索偏角 湿绳总长/m	测得水深/m	长度改正数/m 干绳	长度改正数/m 湿绳	河底高程或应用水深/m	流速仪位置 相对深度	测点深或湿绳长/m	测速记录 总转数	总历时/s	流向偏角/(°)	流速/(m·s⁻¹) 测点	流速/(m·s⁻¹) 流向改正后	流速/(m·s⁻¹) 垂线平均	流速/(m·s⁻¹) 部分平均	测深垂线间 平均水深/m	测深垂线间 间距/m	水道断面面积 测深垂线间/m²	水道断面面积 部分/m²	部分流量/(m³·s⁻¹)

施测号数: _____

附表 2.1-2 _____站测深、测速记载及流量计算（二）（畅流期流速仪法）

第 页 共 页

施测时间：_____年_____月_____日_____时_____分至_____日_____时_____分（平均：_____分（平均测后使用小时数：_____

流速仪牌号及公式：_____ 检定或比测后使用小时数：_____ 起点距计算公式：_____ 停表牌号：_____

天气：_____ 风向风力：_____ 流向：_____

垂线号数	流速仪牌号或读数/(°)	起点距/m	长度改正数/m		测点深或湿绳长/m	测速记录			流速/(m·s⁻¹)					测深垂线间距/m	平均水深/m	水道断面面积		部分流量/(m³·s⁻¹)

水尺名称 水位记录
基本
测流
比(辅)上
比(辅)下

水尺读数 始： 终： 平均：
始： 终： 平均：
始： 终： 平均：
始： 终： 平均：

零点高程/m 水位/m

仪器中心至铅盘底距离/cm
铅盘重量/kg
悬索直径/mm

流速仪悬吊方式
垂线总数
测点总数

计算流量所用断面施测号数

已定系统不确定度
总不确定度

断面流量 m³·s⁻¹
水道断面面积 m²
死水面积 m²
平均流速 m·s⁻¹
最大测点流速 m·s⁻¹

水面宽
平均水深
最大水深
上下比降水位差
水面比降×10⁻⁴

糙率
水位涨率 m·h⁻¹
相应水位 m
上下比降同距 m

测深方法
测距方法

渡河方法

备注

施测_____（ 月 日 ）　计算_____（ 月 日 ）　校核_____（ 月 日 ）　复核_____（ 月 日 ）　施测号数：_____

附表 2.1-3 _____ 站测深、测速记载及流量计算（一）（缆道畅期流速仪法）

施测时间：____年____月____日____分至____日____时____分（平均）____时____日____时____分_____ 第____页 共____页 流向：

流速仪牌号及公式：_____ 检定或比测后使用小时数：_____ 测深仪型号：_____ 起点距计算公式：_____ 天气：_____ 风向风力：_____ 停表牌号：_____

垂线号数	起点距/m	测深		测速			改正数/m			湿绳长度/m	水深或应用水深/m	河底高程/m	流速仪位置		测速记录		测点	流速/(m·s⁻¹)		系数	测深垂线间距离/m	测深垂线平均水深/m	水道断面面积/m²		部分流量/(m³·s⁻¹)
		水深计数器/m 读数	改正数	时间 测深	测速		主索垂度/m	行车至水面高差/m					相对深度	测点深/m	总转数	总历时/s		垂线平均	部分平均				测深垂线间/m²	部分/m²	
				测流断面水位	基本水尺水位/m 水面/河底	悬索偏角/(°)	干绳改正	位移改正	湿绳改正																

施测号数：_____

附表 2.1-4 ＿＿＿＿站测深、测速记载及流量计算（二）（缆道畅流期流速仪法）

第 页 共 页

施测时间：＿＿年＿＿月＿＿日＿＿时＿＿分 至＿＿日＿＿时＿＿分（平均：＿＿日＿＿时＿＿分） 天气：＿＿ 风向风力：＿＿ 流向：＿＿

流速仪牌号及公式：＿＿ 检定或比测后使用小时数：＿＿ 起点距计算公式：＿＿ 测深仪型号：＿＿ 停表牌号：＿＿

垂线号数	起点距	时间		水深计器/m		基本偏角（°）		主索垂度/m		行车至水面高差/m	改正数/m			水深或应用水深/m	测速仪位置		测速记录		测速历时/s	流速/(m·s⁻¹)			测深垂线间距/m	水道断面面积/m²		部分流量/(m³·s⁻¹)
		测深	测速	读数	改正数	水面	河底	水面	河底		干绳改正	湿位移改正	湿绳改正		相对	测点深/m	编号	总转数	测点/s	测点	垂线平均	系数	部分平均		垂线间	部分	

断面流量	m³·s⁻¹		水面宽 m
水道断面面积	m²	糙率	平均水深 m
死水面积	m²	水位涨率 m·h⁻¹	最大水深 m
平均流速	m·s⁻¹	相应水位 m	上下比降水尺间距 m
最大测点流速	m·s⁻¹	上下比降水位差 m	垂线数 测点总数
		水面比降 ×10⁻⁴	

水尺名称	水尺读数/m	水位记录	零点高程/m	水位/m
基本			始：	始：
测流			终：	终：
比（辅）上			始：	始：
			终：	终：
比（辅）下			始：	始：
			终：	终：

说明	渡河方法： 测距方法：	测深方法： 悬架支点至水面高差：	仪器轴中心至铅盘底距离/cm	铅盘重量/kg 悬索直径/mm	编号	计算流量所用断面施测号数	总不确定度： 回零误差：	已定系统不确定度：

备注：

施测号数：

附表 2. 1-5 _____ 站相应水位计量（流速仪法）

施测时间：　　　年　月　日　时　分至　　月　日　时　分（平均：　　日　时　分）

测深垂线号数	起点距/m	测深垂线所占部分宽 b/m	测速垂线所占部分宽 b'/m	垂线平均流速 V_m/(m·s⁻¹)	水位 z/m	$b'V_m$	$b'V_{m}z$	测深垂线号数	起点距/m	测深垂线所占部分宽 b/m	测速垂线所占部分宽 b'/m	垂线平均流速 V_m/(m·s⁻¹)	水位 z/m	$b'V_m$	$b'V_{m}z$

$\sum b'V_m =$ _____　　$\sum b'V_{m}z =$ _____

$$相应水位 = \frac{\sum b'V_{m}z}{\sum b'V_m} = \underline{\qquad} (m)$$

施测号数：_____

计算：_____（　月　日）　　初校：_____（　月　日）　　复校：_____（　月　日）

附表 2.2-1 _____ 站测速记载（水面浮标法）

第 页 共 页

施测时间：____年____月____日____时____分至____日____时____分（平均：____时____分）

流向：____　水面情况：____　入水深：____　上下断面间距：____m

水面浮标类型：____　d_m 出水高：____　d_m 浮标投放方法：____

浮标		流经测流断面		停表读数				历时/s	浮标流速/(m·s⁻¹)	风力	风向	备注
编号	特征	角度/(°)	起点距/m	上断面		下断面						
				min	s	min	s		浮标流速/(m·s⁻¹)			

施测：____　　　　施测号数：____

第　页　共　页

附表 2.2-2 _____ 站测速记载及流量计量（水面浮标法）

测深日期：　　年　　月　　日　　　断面施测号数：　　　　测深方法：　　　　比降上下断面间距：

起点距计算公式：　　　　测距方法：　　　　测距方法：

垂线号数	角度或读数/(°)	起点距/m	水深/m	测深时间	断流断面水位/m	河底高程/m	应用水深/m	测深垂线间距		部分面积/m²	虚流速/(m·s⁻¹)		部分虚流量/(m³·s⁻¹)
								平均水深	间距		垂线	部分平均	
								m	m	m			

断面虚流量		m³·s⁻¹	平均流速		m·s⁻¹	相应水位	m	浮标系数确定方法
浮标系数			最大测点流速		m·s⁻¹	上下比降水位	m	总不确定度
断面流量		m³·s⁻¹	水面宽		m	水面比降	×10⁻⁴	已定系数不确定度
水道断面面积		m²	平均水深		m	糙率		
死水面面积		m²	最大水深		m	水面速率	m·h⁻¹	备注
						零点高程/m		水位/m

水位记录

水尺名称	编号	水尺读数/m	
基本		始：	终：
测流		始：	终：
比（辅）上		始：	终：
比（辅）下		始：	终：
		平均：	

备注：

施测：_____（　月　日）　初校：_____（　月　日）　计算：_____（　月　日）　复校：_____（　月　日）　施测号数：_____

附表 2.3-1 _____ 站声学多普勒流速仪流量测验记载

日期: 年 月 日	天气:	风力风向:
流量测次:	测船:	计算机名:
开始时间:	结束时间:	平均时间:
流速仪型号:	固件版本:	软件版本:
GPS 型号:	罗经型号:	测深仪型号:

数据文件路径:		配置文件名称:	
探头入水深: m	设置的盲区:	深度单元尺寸:	深度单元数
含盐度:	水跟踪脉冲数:	底跟踪脉冲数:	幂指数 b:

测回	航向	水边距离/m		数据文件名	半测回流量/(m³·s⁻¹)	测回平均流量/(m³·s⁻¹)	备注
		L	R				

测验结果

测验项目	测回 1		测回 2		测回 3		测次平均
	往测	返测	往测	返测	往测	返测	
断面流量/(m³·s⁻¹)							
断面面积/m²							
平均流速/(m·s⁻¹)							
最大流速/(m·s⁻¹)							
平均水深/m							
最大水深/m							
水面宽/m							

开始水位: m	结束水位: m	平均水位: m	相应水位: m

备注:

操作记录: 现场审查: 审定:

附表 2.3-2 _____站声学多普勒流速仪流速分布测验记载

日期：　　　年　　月　　日		天气：		风力风向：	
流量测次：		测船：		计算机名：	
开始时间：		结束时间：		平均时间：	
流速仪型号：		固件版本：		软件版本：	
GPS 型号：		罗经型号：		测深仪型号：	
数据文件路径：			配置文件名称：		
探头入水深：　　　m		设置的盲区：	深度单元尺寸：		深度单元数
含盐度：		水跟踪脉冲数：	底跟踪脉冲数：		幂指数 b：
断面名称	垂线号	起点距	垂线水深/m	数据文件名	ASCII 文件名
水位站：			水位观测方式：		
开始水位：　　　　　m		结束水位：　　　　　m		平均水位：　　　　　m	
流量：　　　$m^3 \cdot s^{-1}$		相应水位：　　　　　m			
备注：					

操作记录：　　　　　　　　　　现场审查：　　　　　　　　　　审定：

附表 2. 3-3 _____站声学多普勒流速仪实测流量成果

施测号数	施测月日	起时间	止时间	断面位置	测验方法	相应水位/m	流量/(m³·s⁻¹)	断面面积/m²	平均流速/(m·s⁻¹)	最大流速/(m·s⁻¹)	水面宽/m	平均水深/m	最大水深/m	附注

制表：   校核：   审查：

附录 B　思考题参考答案

1.1　流动现象演示实验

（1）在弯道等急变流段测压管水头不按静水压强规律分布的原因是什么？

参考答案：在弯道等急变流段测压管水头不按静水压强规律分布的原因主要有两个：① 急变流段会产生向心力，导致流速和流向发生变化，从而引起压力分布的非均匀，这种非均匀性会使得测压管水头线出现偏差。② 测压管的位置和方向也会影响水头线的形态。在弯道等急变流段，测压管的位置和方向可能会受到流体剪切力和涡旋的影响，从而导致测得的压力值与理论计算值存在差异，进而导致水头线偏差。

（2）计算短管局部水头损失时，各单个局部水头损失之和为什么并不一定等于管道的总局部水头损失？

参考答案：由 ZL-3 型显示的两个 90°转弯可见，当局部阻碍之间相距很近时，流体刚流出前一个局部阻碍，在流速分布还未达到均匀流（或渐变流）之前，又流入后一个局部阻碍，这相连的两个局部阻碍存在相互干扰，流谱流线与单个阻碍不同，产生局部水头损失叠加影响，其阻力系数不等于正常条件下两个局部阻碍的阻力系数之和。

（3）试分析天然河流的弯道一旦形成，在水流的作用下河道会越来越弯还是会逐渐变直。

参考答案：河流在弯道处，外侧水流速度较快，侵蚀作用较强，导致河岸被冲刷，河道向外扩展；内侧水流流速较慢，泥沙沉积，形成浅滩或者河岸堆积。另外，水流在弯道处受到离心力的影响，向外侧偏移，进一步加剧外侧的侵蚀和内侧的沉积。随着时间的推移，弯道会逐渐向下游迁移，导致河道变得越来越弯曲。

（4）为什么风吹电线，电线会发出共鸣？

参考答案：风吹电线，电线会发出共鸣，这是卡门涡街引起的风振实例。其他如潜艇在行进中，潜望镜会发生振动；高层建筑（高烟囱等）在大风中发生振动等，其根源都是卡门涡街。

（5）解决绕流体的振动问题的方法有哪些？

参考答案：① 改变流速；② 改变绕流体的自振频率；③ 改变绕流体结构形式，以破坏涡街的固定频率，避免共振。

1.2　静水压强实验

（1）同一静止液体内的测压管水头线是什么线？

参考答案：测压管水头是指 $\left(z+\dfrac{p}{\rho g}\right)$，即静水压强实验中显示的测压管液面至基准面的垂直高度，而测压管水头线则是测压管液面的连线。从实测数据和实验观察可知，连通容器中的同一静止液体的测压管水头线是一条水平线。

（2）绝对压强与相对压强、真空值的关系是什么？

参考答案：绝对压强是以绝对真空为零点而计量的压强。

相对压强是以当地大气压强为基准点计算的压强，又称为计示压强。

真空压强是被测试流体的绝对压强低于当地大气压强的部分，也称真空值。它是以大气压强为起算点的压强。大于大气压强的绝对压强，其相对压强为正值，反之则为负值。负的相对压强又称负压，其绝对值称真空压强。相对压强可用压力表测得。

真空压强＝相对压强－绝对压强。

（3）如果测压管太细，对测压管液面的读数有何影响？

参考答案：设被测液体为水，测压管太细，测压管液面会因毛细现象而升高，造成量测误差，毛细高度由下式计算：

$$h = \frac{2\gamma\cos\theta}{\rho g r}$$

式中：h——水的毛细惯性长度；

γ——水的表面张力系数；

θ——水与毛细管壁接触角；

ρ——水的密度；

g——重力加速度；

r——毛细管的半径。

需要注意的是，该公式是在假设毛细作用是主导因素，且水与毛细管壁完全潮湿的情况下才适用。实际情况中，毛细作用的影响因素复杂多样，可能会导致实际高度与计算值有所偏差。此外，水的毛细惯性长度也受温度和环境条件等因素的影响，因此在具体应用时还需要考虑其他相关因素。

一般来说，当玻璃测压管的内径大于 10 mm 时，毛细影响可忽略不计。另外，当水质不洁时，γ 减小，毛细高度亦较净水小；当采用有机玻璃管作测压管时，接触角 θ 较大，其 h 较普通玻璃管小。

如果用同一根测压管量测液体的相对压差值，则毛细现象无任何影响。因为尽管量测高、低压强时均有毛细现象，但在计算压差时，相互抵消了。

1.3 平面静水总压力实验

（1）仔细观察刀口位置。它与扇形体有何关系？为何要放在该位置？

参考答案：这套实验装置巧妙地利用了流体静压强的垂直性：作用在扇形体弧面上的流体静压强的方向垂直并指向其内法线方向，即指向圆心，而杠杆的支点也就是刀口位置恰好设在该扇形体的圆心位置，这样扇形体的内圆弧和外圆弧两个曲线的静水压力均不会产生力矩。再加上扇形体前、后两个平面平行，所受的静水压力对称，并相互抵消。因此，注入水后使得杠杆不平衡的力就只有扇形体侧面的矩形平面上的静水总压力，根据力矩平衡原理，通过测得砝码重量即可求出此力。这也是这台实验仪器的制作关键，即要保证扇形体两段圆弧的圆心作杠杆支点。

（2）如将扇形体换成正方体能否进行实验？为什么？

参考答案:不能。因为正方体的六个面都是相互平行的,所受的静水压力对称,并且都能相互抵消,所以,不能将扇形体换成正方体进行实验。

(3) 说明实验产生误差的原因,以及如何减小误差。

参考答案:实验误差分为系统误差和随机误差。由实验步骤、实验仪器与实验数据得到以下误差来源:① 实验仪器误差。支点位置误差,因为扇形体的圆柱形曲面上各点处的静水总压力均通过其圆心,故支点必须在圆心上;否则,圆柱形曲面上的静水总压力就会对杠杆受力发生作用,产生测量误差。杠杆的力臂误差、电子杆的误差、水位测量误差以及杠杆水平度的误差都会对最终结果的精度产生影响。② 操作误差。调整平衡杆时放水速度过快,且未等平衡杆停稳就读数,会导致实测值比理论值小,符合大部分实测值比理论值小的情况。出水阀门没有关紧,在调稳平衡杆准备开始读数时,有水流出,但平衡杆发生微小形变没有被察觉,从而导致实际读数变小。③ 随机误差。由某些偶然因素引起,这也是有些实测值比理论值大的原因。

减小误差的操作有:① 选择密封性和稳定性好的仪器,减少实验误差;② 在调整平衡杆的时候,进水或放水的速度要慢,等平衡杆处于水平状态时再操作;③ 操作时,阀门要拧紧,避免水流波动和漏水导致数据失真。

1.4　能量方程实验

(1) 通过实验观测,测压管水头线和总水头线的变化趋势有何不同? 为什么?

参考答案:实验中可观测到,测压管水头线沿程可升可降,而总水头线沿程只降不升。这是因为测压管水头线是沿水流方向各个测点的测压管液面的连线,它反映的是流体的势能,测压管水头线沿程可能下降,也可能上升(当管径沿流向增大时)。管径增大时流速减小,动能减小而压能增大,如果压能的增大大于水头损失,水流的势能就增大,测压管水头就上升。总水头线是在测压管水头线的基线上再加上流速水头,它反映的是流体的总能量,由于沿流向总有水头损失,所以总水头线沿程只能下降,不能上升。

(2) 流量增加,测压管水头线有何变化? 为什么?

参考答案:① 流量增加,测压管水头线总降落趋势更显著。这是因为测压管水头,任一断面起始时的总水头及管道过流断面面积 A 为定值时,Q 增大,流速水头就增大,则测压管水头必减小。而且随流量的增加阻力损失亦增大,管道任一过水断面上的总水头相应减小,故测压管水头的减小更加显著。② 测压管水头线的起落变化更为显著。因为对于两个不同直径的相应过水断面,有

$$\Delta H_p = \Delta\left(z+\frac{p}{\gamma}\right) = \frac{v_2^2 - v_1^2}{2g} + \xi\frac{v_2^2}{2g} = \frac{\dfrac{Q^2}{A_2^2} - \dfrac{Q^2}{A_1^2}}{2g} + \xi\frac{\dfrac{Q^2}{A_2^2}}{2g} = \left(1 + \xi - \frac{A_2^2}{A_1^2}\right)\frac{\dfrac{Q^2}{A_2^2}}{2g}$$

式中:ξ——两个断面之间的水头损失系数。

管中水流为紊流时,ξ 接近于常数,管道断面尺寸为定值,故 Q 增大,测压管水头差亦增大,测压管水头线的起落变化就更为显著。

(3) 由毕托管测量的总水头线与按实测断面平均流速绘制的总水头线一般有差异,试分析其原因。

参考答案:在本实验中,由于毕托管测速管的探头通常布设在管轴附近,所量测的是管轴线上的点流速,反映的是轴线上总水头,而实际测绘的总水头是以实测的测压管水头加上断面平均流速水头绘制的。根据经验资料,对于圆管紊流,只有在离管壁约 $0.12d$ 的位置,其点流速方能代表该断面的平均流速,所以由毕托管测量显示的总水头线一般会比实际断面平均流速绘制的总水头线偏高。因此,实验中由毕托管显示的总水头线一般仅供定性分析与讨论。

(4)为什么急变流断面不能被选作能量方程的计算断面?

参考答案:能量方程是基于连续性方程和动量方程得到的,它要求流体经过一个截面时,质量流量和动能守恒。但在急变流的断面处,由于速度和压强发生了剧烈变化,无法满足动能守恒定律,因此在能量方程中不能选取急变流的断面作为计算截面,需要通过适当的近似和修正来解决。

1.5　动量方程实验

(1)反射水流的回射角度若不等于 90°,会对实验结果产生什么影响?

参考答案:回射角度改变,即 V_{2r} 不为零,从实验的实测结果明显可见冲击力随着回射角度的增大而增大。

(2)实测 β(平均动量修正系数)与公认值($\beta=1.02\sim1.05$)是否符合? 如不符合,试分析原因。

参考答案:实测的 β 值应与公认值符合良好。如不符合,其主要的原因可能是滑轮转动不灵所致。为排除故障,应该将滑轮润滑。

(3)连续介质的动量方程在生活中有哪些应用?

参考答案:生活中的应用有:① 驾驶员在驾车的时候必须系上安全带。车辆在高速行驶的过程中,若发生碰撞或者遇到意外紧急制动停止时,驾乘人员身体由于惯性作用会继续向前高速运动,使车内人员与方向盘、挡风玻璃等发生碰撞造成伤害。安全带被称为汽车的"生命线",它可将人束缚在座位上产生缓冲起到保护作用。汽车高速行驶时安全带及安全气囊系统的保护作用就是应用了动量定理。安全带给人施加一个力的作用将人束缚在座位上,防止发生一次碰撞,而安全气囊的弹出使人不能撞到车上,二者都起到了缓冲作用,减轻人所受到的伤害程度。② 体育运动中的起跳阶段决定着腾空动作的好坏。我们可以用动量方程来分析各类跳跃动作的起跳过程。起跳过程可分为踏地阶段和蹬地阶段,蹬地阶段运动员获得的向上的动量由蹬地阶段冲量的大小决定,向上冲量越大,运动员腾空的垂直初速度越大。人体在垂直方向上受的力有冲力和人体重力,当人体重力一定时,向上的力越大,向上的加速度越大,腾空的高度就越高。

1.6　沿程水头损失实验

(1)为什么压差计的水柱高度差就是实验管段的沿程水头损失? 实验管道若安装成向下倾斜,是否会影响实验结果?

参考答案:因为实验管段是等直径管道,管径内流速相等,所以对两个控制断面列能量方程可知,沿程水头损失为两个断面的测压管读数之差,即压差计读数。因此,当实验管道安装成向下倾斜,对实验结果没有影响。

(2) 同一流体流经两个管径和管长均相同而当量粗糙度不同的管道时,若流速相同,其沿程水头损失是否相同?

参考答案:同一流体流经两个管径相同、管长相同的管路,当流速相同时的水头损失只与沿程损失系数 λ 有关。此时两流体的雷诺数 Re 是相同的,而相对粗糙度不同。当流体处于层流区、层流过渡区或水力光滑区时,沿程损失系数 λ 只与雷诺数 Re 有关,所以水头损失相同。当流体处于过渡粗糙区时,沿程损失系数 λ 与雷诺数 Re 及相对粗糙度都有关,所以水头损失不同。当流体处于水力粗糙区时,沿程损失系数 λ 只与相对粗糙度有关,所以水头损失不同。

(3) 为了得到管道的沿程水头损失系数 λ,在实验中需要量测沿程水头损失 h_f、管径 d、管段长度、流量等,其中哪一个的精度对 λ 的影响最大? 量测时应注意什么?

参考答案:在管道沿程水头损失实验中,影响 λ 值误差的物理量有许多,其中,对于 λ 值误差影响最大的是流量。这是因为流量的计算需要测量多个物理量,包括流速、管径等,而这些物理量的测量精度会直接影响流量的准确度,从而进一步影响到 λ 值的计算。

流量的测量精度受到许多因素的影响,包括仪器的精确度和灵敏度、测量方法的准确性以及测试环境的稳定性等。因此,在进行管道沿程水头损失实验时,需要特别关注流量的测量,并采取多次量测消除误差的方法,来提高其准确度。

(4) 试利用本实验仪器设计一个实验,测定不锈钢实验管段的平均当量粗糙度。

参考答案:当量粗糙度的量测可采用与本实验相同的方法来测定。先测定沿程阻力系数 λ 及其相应的雷诺数 Re 值,然后用公式求解当量粗糙度 Δ 值,也可以直接由 λ-Re 关系在莫迪图上查得相应的 Δ/d,进而得出平均当量粗糙度 Δ 值。

1.7　局部水头损失实验

(1) 结合实验成果,分析比较圆管突然扩大与突然缩小在相同条件下水头损失的大小关系,并对实测局部水头损失和局部阻力系数与理论值或经验值进行比较分析。

参考答案:由公式 $h_j = \zeta \dfrac{v^2}{2g}$ 及 $\zeta = f\left(\dfrac{d_1}{d_2}\right)$,表明影响局部水头损失的因素是 v 和 $\dfrac{d_1}{d_2}$,由于突扩 $\zeta_e = \left(1 - \dfrac{A_1}{A_2}\right)^2$,突缩 $\zeta_s = 0.5\left(1 - \dfrac{A_1}{A_2}\right)$,则有

$$K = \frac{\zeta_s}{\zeta_e} = \frac{0.5\left(1 - \dfrac{A_1}{A_2}\right)}{\left(1 - \dfrac{A_1}{A_2}\right)^2} = \frac{0.5}{1 - \dfrac{A_1}{A_2}}$$

当 $\dfrac{A_1}{A_2} < 0.5$ 或 $\dfrac{d_1}{d_2} < 0.707$ 时,突然扩大的水头损失比相应突然收缩的要大。在本实验最大流量 Q 下,突扩损失较突缩损失约大 1 倍,即 $\dfrac{h_{je}}{h_{js}} = \dfrac{6.54}{3.60} = 1.817$。当 $\dfrac{d_1}{d_2}$ 接近于 1 时,突扩的水流形态接近于逐渐扩大管的流动,因而阻力损失显著减小。

(2) 结合流动现象演示实验中所见到的水力现象,分析局部水头损失的机理。圆管突扩与突缩局部水头损失的主要部位在哪里? 怎样减少局部水头损失?

参考答案:流动演示仪Ⅰ～Ⅶ型可显示突扩、突缩、渐扩、渐缩、分流、合流、阀道、绕流等30余种内、外流的流动图谱,据此对局部阻力损失的机理分析如下:

从显示的图谱可见,凡流道边界突变处,形成大小不一的旋涡区。旋涡是产生损失的根源。由于水质点的无规则运动和激烈紊动,相互摩擦,消耗了部分水体的自储能量。另外,当这部分低能流体被主流的高能流体带走时,还需克服剪切流的速度梯度,经质点间的动能交换,达到流速的重新组合,这也损耗了部分能量。这样就造成了局部阻力损失。

从流动仪可见,突扩段的旋涡主要发生在突扩断面以后,而且与扩大系数有关,扩大系数越大,旋涡区也越大,损失也越大,所以产生突扩局部阻力损失的主要部位在突扩断面的后部。而突缩段的旋涡在收缩断面前后均有。突缩前仅在死角区有小旋涡,且强度较小,而突缩的后部产生了紊动度较大的旋涡环区。可见产生突缩水头损失的主要部位是在突缩断面后。

根据以上分析可知,为了减小局部阻力损失,在设计变断面管道几何边界形状时应流线型化或尽量接近流线型,以避免旋涡的形成,或使旋涡区尽可能小。如欲减小本实验管道的局部阻力,就应减小管径比以降低突扩段的旋涡区域;或把突缩进口的直角改为圆角,以消除突缩断面后的旋涡环带,可使突缩局部阻力系数减小到原来的 $\frac{1}{2}\sim\frac{1}{10}$。突然收缩实验管道使用年份长后,实测阻力系数减小,主要原因也在此。

(3)设计性实验:如何将实验装置稍加改变,量测流量调节阀的局部水头损失?

参考答案:两点法是测量局部阻力系数的简便有效办法。它只需在被测流段(如阀门)前后的直管段长度大于 $(20\sim40)d$ 的断面处,各布置一个测压点便可。先测出整个被测流段上的总水头损失 $h_{w1\text{-}2}$,有

$$h_{w1\text{-}2}=h_{j1}+h_{j2}+\cdots+h_{jn}+\cdots+h_{ji}+h_{f1\text{-}2}$$

式中:h_{ji}——分别为两测点间互不干扰的各个局部阻力段的水头损失;

h_{jn}——被测段的局部水头损失;

$h_{f1\text{-}2}$——两测点间的沿程水头损失。

然后,把被测段(如阀门)换上一段长度及连接方法与被测段相同,内径与管道相同的直管段,再测出相同流量下的总水头损失 $h'_{w1\text{-}2}$,同样有

$$h'_{w1\text{-}2}=h_{j1}+h_{j2}+\cdots+h_{jr\text{-}1}+h_{f1\text{-}2}$$

可求得,$h_{jn}=h_{w1\text{-}2}-h'_{w1\text{-}2}$。

(4)试说明用理论分析法和经验法建立相关物理量间函数关系的途径。

参考答案:圆管突扩局部阻力系数公式是由理论分析法得到的。一般在具备理论分析条件时,函数式可直接由理论推演得到,但有时条件不够,就要引入某些假定。如在推导突扩局部阻力系数时,假定了"在突扩的环状面积上的动水压强按静水压强规律分布"。引入这个假定的前提是有充分的实验依据证明这个假定是合理的。理论推导得出的公式,还需通过实验验证其正确性。这是先理论分析后实验验证的一个过程。

经验公式有多种建立方法,突缩的局部阻力系数经验公式是在实验取得了大量数据的基础上,进一步做数学分析得出的。这是先实验后分析归纳的一个过程。但通常的过程应是先理论分析(包括量纲分析等)后实验研究,最后进行分析归纳。

1.8　毕托管测速实验

（1）利用毕托管测速、测压管量测点压强时，为什么要排气？如何检查连通管气体是否排干净？分析影响本实验精度的因素。

参考答案：毕托管、测压管及连通软管中只有充满被测液体，满足连续性条件，才有可能测得真值，若管中有阻塞气泡，就会破坏其连续性使测压失真，造成误差。误差值与气柱高度和位置有关。对于非阻塞气泡，只要气泡边上有液体连通，哪怕连通的通道很细小，也不会造成此误差，若不排除，在实验过程中这种气泡很有可能转变成堵塞性气柱而影响量测精度。

检查气体是否排干净的方法是将毕托管置于静水中，检查分别与毕托管测速孔相连通的两根测压管液面是否齐平。如果气体已排净，不管怎样抖动连通软管，两测压管液面总是齐平的。

影响本实验精度的主要因素有：① 排气。② 测管的毛细现象。本实验装置用有机玻璃测压管，存在毛细现象。但有机玻璃的毛细现象没有玻璃管那么明显，因实验需要测定压差值，当每支测压管的毛细高度相等时，在计算压差时就会消失。同时，装置中测压管粗细均匀，因此毛细高度这一误差因素便不复存在。③ 量测前的稳定时间。④ 判读误差。测压管的液面成弯月面，测读值应以弯月面的下切点为准，否则会引起判读误差。

（2）管嘴作用水头 ΔH 和毕托管总水头与静压水头之差 Δh 之间的大小关系怎样？为什么？

参考答案：实验观测，$\Delta h < \Delta H$。原因：对于毕托管，$u = c\sqrt{2g\Delta h}$；对于管嘴淹没出流，$u = \varphi'\sqrt{2g\Delta H}$ ，即 $\Delta h = \left(\dfrac{c}{\varphi}\right)^2 \Delta H$。一般毕托管流速校正系数 $c = 1 + 1‰$（与仪器制作精度有关）；喇叭形进口的管嘴出流，其中心点的流速系数 $\varphi' = 0.996 + 1‰$。所以，$\Delta h < \Delta H$。

（3）所测得的管嘴出流的流速系数 φ' 是否小于 1？为什么？

参考答案：本实验在管嘴淹没出流的轴心处测得 $\varphi' < 1$，表明该处的水流在由势能转换为动能的过程中有能量损失，但其微。

（4）描述管嘴淹没射流的流速分布及变化规律；验证同一水位下，管嘴射流在不同位置点上有不同的流速系数 φ' 值。

参考答案：由管嘴出流公式可知，若 $\varphi' = 1$，则表示上、下游水位差的位置势能 ΔH 全部转化成了流速动能，转换中的水头损失为零；而实际上，损失总是有的，因此 φ' 值必然小于 1。实验中，在离管嘴 2～3 cm 处，垂直移动测点位置，分别读取数据，观测分析管嘴流速系数分布情况，可以清晰发现，靠近管嘴轴线，能量损失小，φ' 值接近 1；越是靠近管嘴射流的边缘，受边壁阻力的影响越大，损失越大，φ' 值越小。因此，同一水位下，管嘴射流在不同位置点上有不同的 φ' 值。

（5）为什么在光、声、电技术高度发展的今天，仍然常用毕托管这一传统的流体测速仪器？

参考答案：毕托管测速原理是能量守恒定律，容易理解。另外，毕托管经长期应用，不断改进，已十分完善，具有结构简单、使用方便、测量精度高、稳定性好等优点，因此被广泛用于液、气流的测量(其测量气体的流速可达 60 m/s)。光、声、电技术及其相关仪器具有灵敏度高、精度高以及自动化记录等诸多优点,是毕托管无法达到的,但往往因其机构复杂,使用约束条件多及价格昂贵等因素,在应用上受到限制。尤其是传感器与电器在信号接收与放大处理过程中,有否失真,或者随着使用时间的长短、环境温度的改变是否偏移等,难以直观判断,致使可靠度难以把握。因此,所有光、声、电测速仪器都不得不专门定期率定(有时是利用毕托管做率定),可以认为至今毕托管测速仍然是最可信、最经济可靠而简便的测速方法。

1.9 文丘里流量计实验

(1) 文丘里流量计有何安装要求和适用条件?

参考答案:文丘里流量计的安装位置应选择在较长的平稳管道部位,避免在弯头、出口等对流体流动产生影响的位置安装;管道内表面应光滑,不允许有杂物;安装过程中要注意避免管道变形,管道与流量计的接口要保证密封性良好;安装位置应在易于操作和检修的位置,避免因为安装位置的不便利而影响日常的维护和检修;安装时应采用专用管道支架或弹性垫,以避免振动和水锤现象对流量计的测量精度造成影响。

文丘里流量计适用于液体和气体的流量测量,在用于测量气体时,需要保证管道中的气体流动是层流状态;适用于多种流体介质,如水、油、气体等,在石化、环保、制药等领域都有广泛的应用;适用于在流体稳定的状态下进行测量,如果流体中存在波动或颗粒物等,会影响测量的准确性;测量范围一般在 $0.1 \sim 20000$ L/h 之间,具体范围需要根据实际需要选择。

(2) 本实验中,影响文丘里流量计流量系数大小的因素有哪些? 哪个因素最敏感?

参考答案:由式 $Q = \dfrac{\mu \dfrac{\pi d_1^2}{4}}{\sqrt{\left(\dfrac{d_1}{d_2}\right)^4 - 1}} \sqrt{2g\Delta h}$ 得,$\mu = Q \dfrac{\sqrt{\left(\dfrac{1}{d_2}\right)^4 - \left(\dfrac{1}{d_1}\right)^4}}{\dfrac{\pi}{4}\sqrt{2g\Delta h}}$,可见本实验

(水为流体)的值大小与 Q、d_1、d_2 有关,其中对 d_1、d_2 的影响最敏感。通常在切削加工中 d_1 比 d_2 测量方便,容易掌握好精度,d_2 不易测量准确,从而不可避免地要引起实验误差。

(3) 分析文丘里流量计所测理论流量与实际流量之间差值的大小,并分析原因。

参考答案:文丘里流量计所测理论流量大于实际流量,因为实际流体在流动过程中受到阻力作用,有能量损失(或水头损失),而理论流量是假设流体没有阻力时计算得到的,所以理论流量恒大于实际流量。

(4) 通过实验说明文丘里流量计的流量系数 μ 随流量有什么变化规律。

参考答案:通过实验表明,流量系数 μ 是雷诺数的函数,在雷诺数 $Re < 2 \times 10^5$ 以前,流量系数随雷诺数的增大而增大;在 $Re > 2 \times 10^5$ 以后,流量系数基本为一常数。一般认为,流量系数 $\mu = 0.92 \sim 0.98$。

1.10　孔口管嘴实验

(1) 结合实验中观测到的不同类型管嘴与孔口出流的流股特征,分析流量系数不同的原因及增大过流能力的途径。

参考答案:由实验观测、计算可知,流股形态及流量系数如下(以某次实验数据为例):流线型圆柱外管嘴出流的流股呈光滑圆柱形,$\mu=0.935$;直角圆柱形外管嘴出流的流股呈圆柱形麻花状,$\mu=0.816$;圆锥形收缩管嘴出流的流股呈光滑圆柱形,$\mu=0.934$;孔口出流的流股呈光滑圆柱形,在出口附近有侧收缩,$\mu=0.611$。

流量系数不同的原因有:

① 出口附近流股的直径。

② 直角进口圆柱形管嘴出流的流量系数 μ 比孔口大,是因为前者进口段后流股收缩引起局部真空,产生抽吸作用从而加大了过流能力;孔口出流流股侧面均为大气压,无抽吸力存在。

③ 直角进口圆柱形管嘴的流股呈麻花状,说明横向脉动流速大,紊动度大,这是因为在收缩断面附近形成环状漩涡区之故。而流线型管嘴的流股为光滑圆柱形,横向脉动流速微弱,这是因进口近乎流线型,不易产生漩涡,所以直角管嘴比流线型管嘴出流损失大,流量系数 μ 值小。

④ 圆锥形收缩管嘴虽亦属直角进口,但因进口后直径渐小,不易产生主流与边壁的分离,收缩断面面积接近出口面积(μ 值以出口面积计),故侧收缩并不明显影响过流能力。另外,从流股形态看,横向脉动亦不明显,说明渐缩管对流态有稳定作用(工程或实验中,为了提高工作段水流的稳定性,往往在工作段前加一渐缩段,正是利用了渐缩管的这一水力特性),能量损失小,因此其 μ 值与流线型管嘴相近。

从以上分析可知,为了增大管嘴的过流能力,进口形状应力求流线型化,只要将进口修圆提高流量系数 μ 的效果就十分显著。孔口及直角管嘴的流量系数的实验值有时比经验值偏大,其主要原因亦与制作或使用时不小心将孔口、管嘴的进口棱角磨损了有关。

(2) 管嘴出流为什么要取管嘴长度 $L=(3\sim4)d$? 如果将管嘴缩短或加长会带来什么结果?

参考答案:管嘴出流最好取管嘴长度 $L=(3\sim4)d$,因为若 L 长度缩短,水流收缩后来不及扩大到整个管断面,不能阻止空气进入;若 L 长度加长,则沿程损失比重增大,管嘴出流变为短管出流。

(3) 对水来说,防止接近气化压力的允许真空度 $h_{真空}=7.0$ m,要保证不破坏管嘴正常出流,最大限制水头应为多少?

参考答案:收缩断面的真空是有限的,当真空度达到 7.0 m 以上水柱时,由于液体在低于饱和蒸气压时会发生气化,以及空气将会自管嘴出口处吸入,从而收缩断面处的真空被破坏,管嘴不能保持满管出流而如同孔口出流一样。因此收缩断面真空度限制决定了管嘴的作用水头 H 有一个极限值,应为 $H=9$ m。

1.11　雷诺实验

(1)雷诺数的物理意义是什么? 为什么雷诺数可以用来判别流态?

参考答案:雷诺数的物理意义是流体的惯性力与黏滞力的比值。若雷诺数较小,流体黏滞力相对占优,而黏滞力对流体质点的相对运动起抑制作用,故对应以规律运动为主要性质的层流流态。反之,当雷诺数较大时,促使流体质点发生相对运动的惯性力相对占优,流体质点除了沿主流方向流动,也呈现出强烈的随机相对运动,故对应紊流流态。

(2) 上、下临界雷诺数的概念是什么?为什么一般用下临界雷诺数而非上临界雷诺数来判断流态?

参考答案:雷诺实验一般有两个过程,过程一是流量由小到大,即流动由层流转变为紊流;过程二是流量由大到小,即流动由紊流转换为层流。过程一中流动由层流转换为紊流时的临界雷诺数与过程二中流动由紊流转换为层流时的临界雷诺数不一致,前者大于后者,所以将前者称为上临界雷诺数,后者称为下临界雷诺数。上临界雷诺数很不稳定,对实验条件极为敏感,难以作为判断标准;而下临界雷诺数相对稳定,在不同实验条件下几乎都在 2300 左右,故一般将下临界雷诺数作为判断标准。这种处理方法虽然将下临界雷诺数和上临界雷诺数之间的状态当紊流看待,但在相同条件下按紊流计算出的水头损失比按层流计算出的要大,从工程角度出发这种处理方法也相对安全。

(3) 分析层流和紊流在运动学特性和动力学特性方面各有何差异。

参考答案:层流和紊流在运动学方面的差异主要表现在流体质点的运动是否有规律上。实验中观察染色墨水,发现在层流中流体质点主要沿主流方向流动,与清水的界限较为分明,基本没有横向(垂直于流向)的运动,规律性较强;而紊流中流体质点的运动则十分混乱无序,染色墨水一进入管中便会在较短的距离内迅速扩散开来,充满整个管道,具有随机性。

在动力学方面,层流质点主要受到黏滞力作用,而紊流中的流体质点除了受黏滞力作用外,还受到质点横向运动所引起的附加作用力的作用。

1.12 明渠恒定流水面线实验

(1) 在水跃试验中,改变第二段水槽的坡度时水跃的位置是否会改变,为什么?

参考答案:为了在实验中形成稳定水跃,宜将第二段水槽的坡度调整成负坡,以增加下游的水深。若形成稳定的水跃后改变第二段水槽的底坡,水跃的位置也会相应改变,具体来说当减缓坡度时,水跃位置将向下游移动,最终可能在整个槽道内都不出现水跃;当增大坡度时,水跃位置将向上游移动,最终可能移动到实用堰附近形成淹没水跃。

由于本实验的水跃需要先由实用堰溢流造成急流,而堰流会在堰面下游形成一个水深极浅的收缩断面。由共轭水深的关系可知,跃后水深较小时对应的跃前水深相对较大,因此水流从收缩断面起要经过一段急流壅水后才能达到产生水跃所需要的跃前水深,此时水跃也就靠近下游。若坡度增大,相应的水深也会加深,水流经过收缩断面后达到跃前水深所需要的距离就减小了,所以水跃发生的位置越来越靠近实用堰。特别地,如果下游水深已经大到淹没了实用堰下游的收缩断面,水跃就只能发生在收缩断面以前,形成淹没水跃。

(2) 不同类型水面曲线之间的共同规律有哪些?

参考答案:① 发生在一区和三区的水面曲线均为壅水曲线,二区的水面曲线均为降水曲线。② 当水深接近正常水深时,水面线以正常水深线(N-N 线)为渐近线。③ 当水深接近临界水深时,水面线在理论上垂直临界水深线(C-C 线),但此时的水流已不符合渐变流条件,而是属于急变流。

（3）不同类型的水面曲线之间如何过渡?

参考答案:除了临界坡渠道,水面线不能在同一段渠道上以渐变流的形式过渡到其他区域。从急流过渡到缓流时将发生水跃,从缓流过渡到急流时将发生水跌(临界水深位于转折断面上),在长直正坡渠道上,水面线在远离干扰处将逐渐趋于均匀流正常水深(N-N 线)。

1.13　三角堰测流量

（1）薄壁堰、实用堰和宽顶堰最本质的区别是什么?

参考答案:3 种堰型最本质的区别在于堰面对溢流水舌的影响不同。薄壁堰是指正常溢流情况下堰面对溢流水舌完全无影响的堰型;实用堰在正常溢流情况下虽然其堰面对溢流水舌有影响,但由于堰面的设计参考了溢流水舌下缘的曲线形状,对溢流水舌的影响较小;而宽顶堰为对溢流水舌影响较大的堰型。

（2）堰流自由出流和淹没出流有什么不同? 它们的过流能力是否相同?

参考答案:在实际应用时,有时下游水位较高或下游堰高较小而影响了堰的过流能力,这种堰流称为淹没溢流,反之叫作自由溢流。一般来说,淹没出流会降低堰的过流能力。另外,有些堰型在形成淹没溢流时,下游水面波动较大,溢流很不稳定。所以,一般情况下量水用堰不宜在淹没条件下工作。

（3）三角形薄壁堰和矩形薄壁堰哪种更适合测量较小的流量,为什么?

参考答案:三角形薄壁堰相对矩形薄壁堰更适合测量较小的流量。因为在流量较小时,矩形薄壁堰的水流极不稳定,甚至可能出现溢流水舌紧贴堰壁下溢形成所谓的贴壁溢流。这时,稳定的水头流量关系已不能保证,使矩形薄壁堰量测精度大受影响。而三角形薄壁堰由于溢流口上宽下窄的结构,在流量较小时也能保证有足够的堰上水头,进而比较适合小流量的测流。

1.14　离心泵性能实验

（1）离心泵开启前为什么要关闭出水阀?

参考答案:离心泵开启时关闭出水阀是为了防止管网内水流方向突然变化,对管网设备造成冲击,损害设备;另外,根据离心泵 Q-P 是一条上升的曲线的特征,当 $Q=0$ 时,相当于管路上闸阀关闭,此时泵的轴功率仅为设计轴功率的 30%～40%,完全符合电动机轻载启动的要求。

（2）什么是离心泵的气蚀现象? 怎样避免?

参考答案:水泵运行过程中,如果泵内局部位置的压力低于该温度下水的饱和蒸气压力时,水体内的杂质、微小固体颗粒,或在液、固的接触面缝隙中存在的气核,会迅速生长为肉眼可见的空泡,空泡随水流到达高压区时,在周围水体的挤压作用下而溃灭。空泡的生成、溃灭过程涉及许多物理、化学现象,将产生噪声、振动,并对过流部件材料产生侵蚀。这种现象称为水泵的气蚀现象。

解决方法:要使泵在不发生气蚀现象的情况下正常工作,必须正确确定水泵安装高度

H_{ss},减少吸水管路的水头损失。

1.15 离心泵并联特性实验

(1) 离心泵并联有什么优势?

参考答案:离心泵并联运行,增加了供水的可靠性。相比单泵单管而言,并联工作对流量、扬程有一定的调节作用,并可减少出水管路数。

(2) 两台同型号离心泵在外界条件相同的情况下并联工作,并联工况点的流量与单泵工作时的流量是什么关系?

参考答案:两台同型号的离心泵对称布置,并联运行时,并联的总体性能曲线可以通过对单泵性能曲线"等扬程下,流量相加"的方法获得。当单泵的性能曲线和并联后的性能曲线同时与装置的需能曲线绘制在同一个(OQH)坐标中,获得交点分别为单泵工况点和并联工况点,可得单泵工况点的流量介于并联工况点流量的 0.5~1.0 之间。

1.16 泵站设计组装虚拟仿真实验

(1) 泵站水泵的结构形式有哪些? 各有什么特点?

参考答案:水泵的结构形式一般有立式、卧式和斜式 3 种。

立式机组的泵轴铅直安装,安装精度要求较高。其转动部分是悬吊式结构并有较大的轴向推力,设计和装配工艺较为复杂,还可能增加辅助设备。立式水泵的泵房为多层结构,底板标高一般较低,但电动机可置于上层,有利于防洪通风。其占地面积较小,当水源水位变幅较大时可考虑用立式机组。

卧式机组的泵轴水平安装,安装精度要求比立式低。这种水泵的电动机直接置于基础上,机组荷载也直接传递给地基,机泵可分别拆卸,分别安装,便于管理。泵房结构相应简单,但占地面积较大,当建站地址较小时可能增大造价。

斜式机组的泵轴与水平面呈一定夹角安装,对于中、小型机组,在岸坡上安装时选用。

(2) 泵站中水泵的台数应如何选择?

参考答案:水泵台数的选择实际上就是水泵大小的选择,一般而言,大泵运行效率高,台数少便于管理,运行与管理费用少(特大水泵除外),而且占地面积小,建站投资较小,但配水灵活与供水可靠性相应减小;反之,水泵较小,台数较多时,调配灵活,供水可靠性增大,吊运方便,管理维护水平要求不高,但很麻烦。

水泵台数的多少,主要根据泵站的功能确定,如给水一级泵站一般用同一型号较大机组,二级泵站一般用一种,最多不超过两种型号的较小机组。从泵站统计资料看,水泵机组台数一般为 4~10 台(循环泵站除外)。

参考文献

［1］ 席临平,杨胜科.水文与水资源实验技术［M］.北京:化学工业出版社,2008.

［2］ 张志昌.水力学及河流动力学实验［M］.北京:中国水利水电出版社,2016.

［3］ 王英,谢晓晴,李海英.流体力学实验［M］.长沙:中南大学出版社,2005.

［4］ 谭献忠,吕续舰.流体力学实验［M］.南京:东南大学出版社,2021.

［5］ 赵振兴,何建京,王付.水力学［M］.3 版.北京:清华大学出版社,2021.

［6］ 赵昕,张晓元,赵明登,等.水力学［M］.北京:中国电力出版社,2009.

［7］ 齐清兰.水力学［M］.北京:高等教育出版社,2019.

［8］ 颜锦文.水泵及水泵站［M］.北京:机械工业出版社,2006.

［9］ 河流流量测验规范(GB 50179—2015).

［10］ 水文测量规范(SL 58—2014).

［11］ 声学多普勒流量测验规范(SL 337—2006).